相信閱讀

Believing in Reading

財經企管551A

藍海策略

增訂版

再創無人競爭的全新市場

金偉燦　W. Chan Kim
莫伯尼　Renée Mauborgne——著

黃秀媛、周曉琪——譯

Blue Ocean Strategy
Expanded Edition
w to Create Uncontested Market Space and Make the Competition Irrelevant

Blue Ocean Strategy, Expanded Edition

目 次

第三部　執行策略的原則

第7章｜克服重大組織障礙　*249*

經理人的挑戰／啟動引爆點領導／找出槓桿借力使力／突破認知障礙／跨越資源限制／跨越動機障礙／克服政治阻力／挑戰傳統思維
■本章案例：紐約地鐵拚治安

第8章｜結合策略與執行　*283*

執行力殺手：程序不公／公平正義的力量／公平程序3E原則／公平程序何以重要？／理智與情感認同／使命感強化執行力／公平程序與外部利害關係人
■本章案例：雙廠記

第9章｜讓策略主張一致化　*309*

三種策略主張／達成策略的一致性
■本章案例：後繼無力的國民汽車／把主張拼湊在一起

第10章｜更新藍海　*331*

模仿障礙／單一業務與多項業務的更新
■本章案例：更新再更新／蘋果的各種組合

第11章｜避免紅海陷阱

十個不利於創造藍海的紅海陷阱

擺脫紅海陷阱的心智模式

朱博湧
國立交通大學管理科學系教授
兼創業與創新學分學程執行長

　　十年前，《藍海策略》成為全世界管理界的暢銷書。十年後，兩位作者發行了《藍海策略增訂版》，在原有的藍海策略裡增加了新的章節。本書可以分為三部曲，第一部，藍海無所不在，包括開創藍海、分析工具與架構。第二部是擬定策略的原則，包括重建市場邊界、聚焦願景而非數字、超越現有需求、建立正確策略次序。第三部分是執行策略的原則，除了原有的克服重大組織障礙、結合策略與執行外，另外增

加了三章。分別是：第九章，讓策略主張一致化。第十章，更新藍海。第十一章，避免紅海陷阱。

第九章「讓策略主張一致化」牽涉到執行面。要找到藍海策略，選對策略非常重要，但最後的成敗還是在策略的落實與執行。所以要做到內部各事業部的方向一致，外部的供應鏈也必須配合。蘋果的 iPhone 如果沒有鴻海的支援，沒有其他的零組件商的全力協同配合，蘋果的手機不會如此成功。因此怎麼創造價值主張、利潤主張跟人員主張的一致化，是一個非常關鍵的活動。這三種策略主張是一種組織架構，確保企業在擬定與執行策略時採取全面性作法，只要有一個環節沒有一致性，即便你選到對的藍海策略，最後也無法成功。

第十章「更新藍海」的主要觀念是：如果一家企業找到一個藍海，策略執行也成功，勢必會吸引很多跟進者模仿。因為藍海的利潤太好，所以跟進者一定會緊緊跟在後面不斷進逼。而原本在藍海內的業者，如何創造阻擋模仿者的障礙來延長原有的藍海，顯然是一大關鍵。蘋果從他的 iPod、iTunes 到 iPhone、App Store 到 iPad，這種有組織能力的系統化思考跟價值

創新行為，是更新藍海最重要的。反觀 Microsoft，在 Operating System 及 Office 稱霸，但卻遲遲沒有進入新的領域延續他的藍海，藍海就會逐漸變成紅海。

第十一章是避免紅海陷阱。心智模式是一種習慣的思維，變成一種習以為常、理所當然的認知。而心智模式會影響策略的選擇和形成。相信很多人都已經知道藍海策略，可是為什麼還是有很多企業會陷入紅海？本書提到了會讓人陷入紅海的心智模式，也就是要去避免的紅海陷阱。這樣的紅海陷阱有十個：

- 第一個紅海陷阱是：
  認為藍海策略是顧客導向的策略。
- 第二個紅海陷阱是：
  認為開創藍海必須在核心產業外冒險。
- 第三個紅海陷阱是：
  認為藍海策略與科技創新有關。
- 第四個紅海陷阱是：
  認為開創藍海必須第一個進入市場。
- 第五個紅海陷阱是：
  認為藍海策略等於差異化策略。

- 第六個紅海陷阱是：

  認為藍海策略等於低成本策略。

- 第七個紅海陷阱是：

  認為藍海策略與創新相同。

- 第八個紅海陷阱是：

  認為藍海策略是行銷理論或利基策略。

- 第九個紅海陷阱是：

  認為藍海策略視競爭為壞事。

- 第十個紅海陷阱是：

  認為藍海策略與創造性破壞或中斷相同。

紅海陷阱的心智模式影響很多決策者在策略上的選擇，造成思維限制。近二十年來，台灣企業主的主流心智模式，也就是所謂成功的慣性，是低成本導向的代工成長策略，這樣的模式一直以來也扮演著台灣企業成長的動力。這段時間也正逢手機、電腦、筆電等消費性電子科技產品的新需求產生，一旦需求被創造出來，產品售價下降，需求量一定會增加，低成本代工策略得以成功。確實是在需求創造的時間點創造了藍海。但當強大的競爭者進來以後，藍海變成了紅

海，如果仍沿用以前成功的心智模式，就會掉入紅海陷阱，此時企業不但無法再創新的市場，還會讓自己在紅海陷阱中愈陷愈深。

救命！我的海洋變成紅色的了

　　「救命！我的海洋變成紅色的了。」這句話儼然成為全球各地經理人頻頻反映的感想。無論是企業經理人、非營利事業負責人或政府領袖，愈來愈多人發現他們面對的是一片血腥競爭的海洋而想退出。或許你的企業毛利一直縮水；或許競爭愈來愈激烈，將你的貨物壓縮成大宗商品，成本也不斷上升；又或許你知道你會宣布加薪無望。這些都不是我們任何人想面對的情況，然而卻是我們許多人目前所面對的。

　　你要如何面對這項挑戰？無論你在哪個產業或經濟部門，《藍海策略》的課程、工具與架構都能幫助你迎接挑戰。它可以教你如何跳脫血腥競爭的紅海，透過新的需求與穩健的獲利成長進入無人競爭市場，也就是藍海。

　　我們當初撰寫《藍海策略》時，用了紅海及藍海作為比喻，因為紅海看似捕捉到多數企業面對的現實情況，而藍海則捕捉到企業能開創的無窮可能性，正如產業歷史創始以來所證實的。十年後的今天，《藍海策略》已經有超過三百五十萬冊的銷量，成為橫跨五大洲的暢銷書，並破紀錄翻譯成四十三種文字，而「藍海」一詞也成為企業的慣用語言。超過四千篇的論文與部落格文章在討論藍海策略，每天還有新的文章持續在全球各地發表。

　　這些文章的內容十分精采迷人。有些文章是全球各地中小企業主或個人探討本書如何從根本改變他們生活中的觀點，讓他們的專業成就提升到全新的層次；有些文章是高階主管談論藍海策略如何提供洞見，讓他們的企業遠離紅海並創造全新的需求；有些文章是詳述政府領袖如何應用藍海策略，用低成本迅

速執行於社會重要領域以達到高度影響力，影響範圍從提高都市與鄉村生活品質，到鞏固國家內外安全，乃至於打破中央與地方政府間的藩籬[1]。

自《藍海策略》初版發行以來，我們向外接觸那些應用書中概念的企業，同時與多家企業直接合作，從觀察人們應用這些概念的心路歷程上學到許多。企業們在執行藍海策略時極為迫切的問題有：如何才能讓所有執行藍海策略的主張一致化？當藍海變成紅海時該怎麼辦？追求藍海策略時要如何避免紅海陷阱？這些重要的問題促使我們推出增訂版。在這裡，我們先概述新增的內容，再簡單歸納以界定與區別出藍海策略的重點，並解釋我們為什麼會認為藍海策略比以往任何時候更加需要，也更為重要。

增訂版有什麼新的內容？

這個版本擴充了一個章節，並增加了兩篇新章。下列是經理人所面對的關鍵挑戰與難處，以及我們該如何解決的要點。

一致性（alignment）

一致性代表什麼意思，為什麼一致性是必要的，以及如何達成一致性。我們發現一項讓企業掙扎的挑戰，即如何讓營運活動體系一致化（包含潛在的外部合作夥伴網絡）以便在實務上創造持久的藍海策略。是否有一種簡單而全面的方法，可以確保企業的關鍵部分，從價值、利潤到人員一致支持藍海策略所需的策略變動？這點非常重要，因為企業往往聚焦在組織的特定層面，未留意其他層面，而這些卻是支持策略持續成功不可或缺的存在。意識到這點，增訂版特別探討一致性在藍海中的問題。我們會介紹一致性成功與失敗的案例，顯示一致性在營運活動中如何被達成與錯失。第九章要解決的是關於一致性的挑戰。

更新（renewal）

何時以及如何持續更新藍海。所有公司的興衰都是基於他們對策略的執行與否。如何隨時更新藍海是企業所面臨的挑戰，因為每個藍海終將會被模仿而變成紅海。關鍵在於了解更新的程序，以確保藍海創造

並非偶發事件，而是可以被制度化成組織中重複的過程。在這本增訂版中，我們要處理企業領導者如何將創造藍海從靜態完成轉變為動態的更新程序，包含個別業務與多元化業務的企業層級。這裡我們會說明如何以動態更新程序來創造持久的經濟效益，包含已經達成藍海的單一業務，以及平衡於紅海與藍海計畫間擁有多項業務的企業。與此同時，我們也會點出在現今管理企業營收與未來建立劇烈增長的品牌價值時，紅海以及藍海策略所扮演的互補角色。第十章要解決的是關於更新的挑戰。

紅海陷阱（Red Ocean Traps）

有哪些陷阱，以及為何要避開這些陷阱。最後，我們列出十種常見的紅海陷阱，是企業執行藍海策略時容易犯下的錯誤。當企業試圖航向藍海時，這些陷阱會使他們在紅海中拋錨。讓人們正確構築藍海的關鍵在於解決這些陷阱。掌握這些觀念，就能夠避免陷阱，同時準確應用相關工具與方法，產生適當的策略行動以航向清澈的藍色海洋。第十一章要解決的是關於紅海陷阱的挑戰。

區別的重點有哪些？

　　藍海策略的目標是直截了當的：即給與任何企業（包含大型或小型的、新增或現有的企業）機會最大化與風險最小化的方式，以增加開創藍海的挑戰。本書挑戰了策略學界幾個長期以來的信念，如果我們必須放大五個區別重點，好讓這本書值得思考，那將會是以下這些。

　　競爭不應佔據策略思考的核心。太多公司任由競爭驅使他們的策略。藍海帶來生機，但專注於競爭往往會讓公司在紅海中拋錨。這會使競爭（而不是顧客）成為策略的核心。結果，公司的時間與關注都聚焦在分析競爭對手與他們的策略行動，而非了解如何提供買方三級跳的價值，這兩件事是截然不同的。

　　藍海策略掙脫了競爭的束縛。本書的核心在於將想法由競爭轉變成開創無人競爭的全新市場。我們在1997年的〈價值創新〉（發表於《哈佛商業評論》系列文章的第一篇）中首次提出這個論點，構成本書的基礎[2]。我們觀察到，從競爭中掙脫的公司不會留心在擊

敗競爭對手或開拓有利的競爭地位上。他們的目標不是超越競爭對手，而是提供大幅度的價值躍進以超越競爭。專注於價值的創新，而不是競爭對手的地位，驅使公司挑戰產業競爭的所有因素，同時不要臆測競爭對手的動作是否與買方價值相關。

用這種方式，藍海策略解釋了許多企業所面臨的策略矛盾：他們愈是專注在應付競爭，盡其所能去對抗與擊敗對手的優勢，諷刺的是他們看起來會愈來愈像競爭對手。而這種矛盾的的因應方式，就是停止專注競爭、價值創新以及讓你的競爭對手來擔心你。

產業結構不是固定的，而是可以被塑造的。策略學界長期以來都假定產業結構是固定的。由於產業結構固定，企業會以現有基礎來建立他們的策略。因此通常的作法是從產業分析開始，例如五力分析或其前導的強弱危機分析（SWOT analysis）。這個策略就是：讓一家公司的優勢與劣勢匹配現有產業的機會與威脅。此處的策略必然是零和遊戲（zero-sum game），一家公司有所得，另一家公司就有所失，因為企業會侷限於現有的市場空間。

　　相較之下，藍海策略則顯示了策略如何以有利於企業開創全新市場的方式來塑造產業結構。這種觀點的基礎在於市場邊界與產業結構不是固定的，而是可以透過業者的信念與行動被重新塑造的。正如產業歷史所示，想像每天有新的市場空間被創造出來，而且不是固定的。買方證實他們的交易會跨越替代產業，不會侷限在別人所認定的產業邊界裡。同時企業也證實他們會重新塑造產業，破壞、改變及超越現有的市場邊界，以創造全新的需求。如此一來，策略就會從零和遊戲變成非零和遊戲，在企業特意努力之下，就算是不具吸引力的產業也能變得極具吸引力。也就是說，紅海不必然一直維持紅色。這將我們帶到第三個區別重點。

　　策略創造力可以被系統化地開啟。自從熊彼得預見孤獨而具有創造力的企業家開始，創新與創造力基本上被視為是一個看不透且充滿隨機性的黑箱[3]。這種對創新與創造力的觀點，不出人意料地，策略學界主要聚焦的是如何在現有市場內競爭，創造出一堆分析工具與架構並技巧性地達成這個目標。不過創造力真

的是個黑箱嗎？當談到藝術創作或科學突破時，例如高第莊嚴雄偉的建築或居禮夫人對鐳的發現，這個答案也許是對的。不過談到策略創造力驅使價值創新而打開新的市場空間時，答案是否相同？試著想想汽車業的福特T型車、咖啡業的星巴克，或客戶關係管理（CRM）軟體業的Salesforce.com。我們的研究認為答案是否定的，同時發現到成功創造藍海背後共同的策略模式。這些模式讓我們發展出基本的分析架構、工具及方法，並系統化地連結創新與價值，以一種機會最大而風險最小的方式來重建產業邊界。運氣好的話（當然，運氣在所有策略中永遠扮演一定角色），這些工具，如策略草圖（strategy canvas）、四項行動架構（four actions framework）與重建市場邊界的六大途徑（six paths），會將結構帶入原本擁有非結構化問題的策略，進而開啟企業系統化創造藍海的能力。

執行可以被建立在策略形成之內。藍海策略是一種結合企業分析與人文面向的策略。這種策略體認與注意到人心與新策略一致化的重要性，使得在個人層次上，人們打從心底接受這種策略，願意在執行時超

越強制執行並主動合作。為了達到這個目的，藍海策
略不會區隔策略形成與執行。雖然多數公司都會將兩
者區隔，我們的研究顯示這樣充其量只會讓執行變得
緩慢而充滿疑問，甚至機械化地堅持到底。反之，藍
海策略從開始就透過公正平程序（fair process）的做
法，在研擬與推出策略前，將執行建立在策略之內。

　　有超過二十五年的時間，我們在許多學術與管理
方面的刊物撰寫有關公平程序對決策執行品質上的影
響[4]。當藍海策略問世後，透過援引行動最根本的準
則，公平程序已經為執行基礎做好準備：包含組織內
部人員的信任、承諾以及自願合作。信任、承諾及自
願合作不僅僅是一種態度，而是無形的資產。這些資
產讓企業在速度、品質與一貫性的執行下，以低成本
快速轉變執行策略時脫穎而出。

　　以循序漸進的模式創造策略。策略學界已經為策
略內容創造了豐富的知識，不過幾乎未曾提及該怎麼
開始創造一個策略。當然我們都知道如何研擬計畫，
但我們也知道研擬計畫的過程並不會產生策略。簡而
言之，我們沒有創造策略的理論。

雖然有許多理論解釋企業為何成功或失敗，但這些理論大都是描述性的，而不是規範性的。缺乏一種循序漸進的模式用以規範企業在具體條件下制定與執行一套高績效的策略。這裡介紹的這種模式，在藍海的背景下，能帶領企業避開「市場－競爭」（market-competing）的陷阱，並達成「市場－創造」（market-creating）的創新。這裡提出的策略研擬架構奠基於過去二十年許多公司實地運用我們的策略作法。當經理人規劃創新與創造財富的策略時，這種模式會幫助他們付諸行動。

為什麼藍海策略的重要性與日俱增？

我們於 2005 年初次發行《藍海策略》時，有許多力量在推動創造藍海的重要性。事實上，那些名列前茅的現有產業競爭愈來愈激烈，對成本與利潤的壓力也愈來愈大。因此這些力量從未消失，相反地，只會愈發強大。但除了這些因素，過去十年來數種新的全球趨勢陸續出現，其速度是我們當初出版這本書時少

有人能夠想像的。我們認為這些趨勢會讓創造藍海在未來成為更重要的策略性任務。在此我們列舉出其中幾項，但不包含所有的範圍或內容。

愈來愈需要創造新的解決方案。只要看看那一長串與我們息息相關的產業：健保、十二年國民教育、大學、金融服務、能源、環境及政府，這些產業的需求很高，但資金和預算卻很少。在過去的十年裡，產業裡的每個人都面臨到嚴肅的課題。歷史上難得有這麼多產業與部門的策略家需要從根本上重新思考。為了維持重要性，所有策略家不斷去重新構想他們的策略，以更低的成本來實現價值創新。

公眾傳播的使用與影響力的提升。很難想像十年前企業仍掌控了絕大部分對公眾宣傳其產品與服務的信息。今天那種情況都已成為歷史。社群網站、部落格、微博、影像分享服務（video-sharing service）、用戶導向內容（user-driven content）、網路評等（Internet Ratings）的浪潮於全球各地無所不在，其力量與信度也已經從企業移轉到個人身上。為了避免在這種新的

現實環境中成為犧牲者而是成為勝利者，你提供的產品必須更優於以往。如此一來才能讓人們在推特上對你高聲讚揚而非批判；給你五顆星的評等；給你按讚（thumb up）而不是按噓（thumb down）；在社群媒體網站將你的產品列為最愛；甚至驅使人們在部落格上推薦你的產品。幾乎所有人都擁有一個全球性的擴音器時，你不能隱藏或過度行銷跟別人一模一樣的產品。

未來需求與成長的地點發生改變。如今，全球各地的人們在談論市場未來的成長時，很少會提及歐洲與日本。即使是美國，雖然仍為全球最大的經濟體系，但就未來成長性而言已經愈來愈往後排靠近。像中國、印度或巴西這樣的國家，反而名列前茅。在過去十年裡，這三個國家都已經加入全球十大經濟體系的行列。然而，新一代的大型經濟體系不同於以往的大型經濟體系。過去已開發國家的大型經濟體系是用高所得消費全球生產的商品與勞務，新興的大型經濟體系卻是由低所得（雖然正持續上升）的大量公民人口所組成。這使得企業生產可承擔之低成本商品的重要性比以往任何時候都更為關鍵。但別被愚弄，單單

是低成本還遠遠不夠。這些人口使用網際網路、行動電話以及全球頻道電視的情形愈來愈普遍，因而提升他們的成熟度、需求與欲望。當顧客愈來愈精明，要抓住他們的想像力與荷包，產品的低成本與差異化兩者缺一不可。

　　成為全球性企業的速度愈來愈快也愈來愈簡單。傳統上，全球主要的企業大多來自美國、歐洲及日本。不過，這種情況正以飛快的速度在改變。過去十五年來，《財星》全球五百大企業中，中國企業的數目已經增加二十倍以上，印度企業的數目增加到八倍左右，拉丁美洲企業的數目也增加了一倍。意味這些新興經濟體系不僅僅代表新的需求市場被開啟，也代表新的潛在競爭對手，他們面對全球的野心不亞於豐田汽車（Toyota）、通用電器（General Electric）或聯合利華（Unilever）。

　　但從這些大型新興市場崛起的並非只有企業而已，這不過是預警中的冰山一角。過去十年來，在世界各地發展成全球性企業的成本與簡易性出現根本上的改變。這是任何企業都不能忽視的趨勢。只要考量

幾個事實：由於架設網站的簡易性與低成本，任何企業都能擁有一個全球性的店面；現在來自任何地方的任何人都能透過網路募捐（crowdfunding）籌備資金；有了像 Gmail 與 Skype 的服務，通訊成本明顯下降；交易信託現在可以透過使用類似 PayPal 的服務迅速且經濟地達成，而類似阿里巴巴（Alibaba.com）的公司則讓全球搜尋與供應商檢查變得相對快速與容易；同時還有相當於全球企業名錄的免費搜尋引擎；至於全球性的廣告，推特（Twitter）與 Youtub 也都可以免費用來行銷你的商品。在成為全球性企業的低進入成本下，有愈來愈多新的業者加入全球市場並銷售他們的產品或服務。當然，這些趨勢非但沒有減輕各種成為全球性企業的障礙，甚至還讓全球性競爭更為劇烈。要從過度擁擠的市場中脫穎而出，你需要透過價值創新來開創市場。

　　如今，我們都面對極大的挑戰與極多的機會。藉由提供企業適用的方法與工具去追求藍海，我們希望這些觀念能夠幫助企業迎接挑戰並創造機會，讓我們都變得更好。畢竟策略不僅僅適用於企業，還適用於所有人：藝術、非營利單位、公共部門，甚至國家。

我們邀請你一起加入這趟旅程。有一點是很明確的：
這個世界需要藍海。

初版序

　　這是一本有關友誼、忠誠和互信的著作。由於這種友誼和互信，我們對本書討論的想法展開探索之旅，最後著手寫下這些心得。

　　我們是二十年前在課堂上認識的，當時一個身為教授，另一個是學生。從那時以來，我們一直互相切磋。在過程中，我們自覺像是下水道裡的兩隻渾身濕淋淋的老鼠，狼狽不堪。這本書不是思想的勝利，而是我們覺得比任何商業構想更有意義的友誼的勝利。這種友誼使我們的生命更為充實，也使我們的世界更為美麗。我們絕不孤獨。

　　沒有任何旅程是平靜無波的，也沒有任何友誼完全充滿歡笑。但是，我們每天都對眼前的旅程充滿興奮期盼，因為我們是在進行學習和進步之旅。我們熱切相信本書談論的想法。這些構想不是提供給那些得過且過，或只求活下去的人。我們對此毫無興趣。如果你滿足於這種生活，請就此闔上本書。但如果你想改變世界、開創企業，並打造一個未來，讓顧客、員工、股東和社會都能全贏，那麼不妨繼續看下去。要做到這點並不容易，可是值得一試。

　　我們的研究證實，所有企業都不可能永遠保持卓越，正如同沒有哪種產業能夠永遠保持傑出。在踉踉蹌蹌的旅程中，我們也發現自己就像企業一樣，有時做事很靈光，有時不太靈光。為了改善成功的品質，我們必須研究我們有哪些作為發揮正面效用，並了解如何有系統地加以複製。這就是我們所謂採取聰明的策略行動，而我們發現最重要的策略行動莫過於創造藍海。

　　藍海策略正向企業挑戰，促其脫離血腥競爭的紅色海洋，創造無人競爭的市場空間，讓競爭本身失去意義。這種策略致力於增加需求，並擺脫競爭，不再

聚焦於瓜分不斷縮小的現有需求，也不光只想到壓制競爭對手。本書不僅向企業挑戰，也告訴企業如何施行藍海策略。我們先介紹一系列分析工具與架構，顯示如何按部就班因應這項挑戰，然後詳細解說並定義藍海策略，以及使它有別於競爭本位策略的一些原則。

我們的目的是把擬定和執行藍海策略，變得有系統及可行性，就如同在已知市場空間形成的紅色海域裡從事競爭。這樣一來，企業才能用明智負責的方式，面對創造藍海的挑戰，並儘量擴大機會和縮小風險。企業不論大小新舊，都不能不顧一切地豪賭，也不應該這樣做。

本書內容是以超過十五年的研究結果做基礎，有關資料可溯自一百多年前，並參考《哈佛商業評論》的一系列文章，以及有關這個題目各種層面的其他學術論文。書中提出的想法、工具與架構，這些年來曾在歐洲、美國和亞洲的企業措施中，接受進一步考驗和改進。本書把這項研究加以闡揚擴大，用通論將這些想法歸納起來，並提供一個統一架構。這個架構不僅涵蓋創造藍海策略背後的分析層面，也包含了人性層面 —— 如何動員組織及其成員，自動自發執行藍海

構想。在這方面，我們特別強調，應該了解如何建立信任和使命感，以及認識理性和感情認同的重要。這都是藍海策略的核心。

藍海策略提供的機會早已存在。一旦這些機會受到探索，市場空間也會隨之擴大，而我們相信這是成長的基礎。但是，大家對如何有系統地創造和把握藍色海洋，在理論和施行上都缺乏了解。我們請諸位細讀本書，學習如何成為擴展未來市場的推手。

誌謝

這本書能夠出版，得到很多方面的協助。歐洲管理學院（INSEAD）為我們提供獨到的研究環境。INSEAD橫跨理論和實務的作風，匯聚全球人才的教職員、學生，及高級主管培訓課程人員，對我們裨益極大。柏吉斯（Antonio Borges）、哈瓦威尼（Gabriel Hawawini）和范德海登（Ludo Van der Heyden）這幾位院長，始終支持鼓勵並提供院內協助，讓我們能夠把研究和教學工作密切結合。資誠會計師事務所（Pricewaterhouse-Coopers）和波士頓顧問集團（BCG）都對我們的研究提供財務援助；資誠的布朗（Frank

Brown）和貝爾德（Richard Baird），以及BCG的艾貝特（René Abate）、克拉克森（John Clarkeson）、史達克（George Stalk）和塔迪（Olivier Tardy）更是難得的合作夥伴。

這些年來我們曾獲得許多才華洋溢的研究員協助，過去幾年全心全意地與我們一起工作的研究人員杭特（Jason Hunter）和米吉（Ji Mi）更需一提。如非他們義無反顧的投入、無怨無悔的研究支持、孜孜不倦地追求完美，本書恐怕很難完成。有這樣的幫手是我們的福氣。

學校同事對本書討論的構想也很有貢獻。INSEAD的教職員，特別是藍根（Subramanian Rangan）和范德海登，協助我們檢討我們的理念，並提供珍貴的評論和支持。INSEAD的許多教職員，曾向企業主管和企管碩士傳授本書提出的想法和架構，並提供寶貴的意見，使我們的理念更為明晰。其他同事也提供智識鼓勵和友善激勵。我們無法一一致謝，可是在此仍要感謝艾德納（Ron Adner）、巴蘇（Jean-Louis Barsoux）、班紹（Ben Bensaou）、戴貝提尼斯（Henri-Claude de Bettignies）、布里

姆（Mike Brimm）、卡普隆（Laurence Capron）、切卡紐利（Marco Ceccagnoli）、庫爾（Karel Cool）、戴梅爾（Arnoud De Meyer）、狄希克斯（Ingemar Dierickx）、狄亞斯（Gareth Dyas）、伊本（George Eapen）、埃文斯（Paul Evans）、葛路尼克（Charlie Galunic）、蓋渥（Annabelle Gawer）、希梅諾（Javier Gimeno）、休奧（Dominique Héau）、鍾斯（Neil Jones）、拉瑟瑞（Philippe Lasserre）、曼佐尼（Jean-François Manzoni）、梅爾（Jens Meyer）、米紹（Claude Michaud）、莫里斯（Deigan Morris）、阮輝（Quy Nguyen-Huy）、藍根、史托瑞（Jonathan Story）、單海瑟（Heinz Thanheiser）、范德海登、楊格（David Young）、贊斯基（Peter Zemsky）和曾鳴（Ming Zeng）。

我們很幸運，擁有遍布全球的實務人員和案例撰述形成的網絡。他們呈現出如何實際應用本書呈現的理念，並為我們的研究協助發展案例材料，對本書貢獻極大。在這許多人當中，有個人特別值得一提：波瓦－柯拉登（Marc Beauvois-Coladon）。他自始即與我們合作，並根據他在企業實務中具體運

用我們理念的經驗，為本書第四章提供卓越貢獻。
在其他許多助力中，我們也要感謝桂亞特（Francis
Gouillart）和他的同事；傅瑞瑟（Gavin Fraser）和
他的同事；莫登森（Wayne Mortensen）；馬克斯
（Brian Marks）；肯尼斯‧劉（Kenneth Lau）；椎名
（Yasushi Shiina）；藍德瑞（Jonathan Landrey）和他的
同事；江俊安（音譯，Junan Jiang）；崇貝塔（Ralph
Trombetta）和他的同事；柏特（Gabor Burt）和他的
同事；凡卡特希（Shantaram Venkatesh）；川和（Miki
Kawawa）和她的同事；辛哈（Atul Sinha）和他的
同事；伊沙克（Arnold Izsak）和他的同事；魏斯特
曼（Volker Westermann）和他的同事；威廉森（Matt
Williamson）；愛德華茲（Caroline Edwards）和她的同
事。我們也很感激因史培曼（Mark Spelman）、阿波
希（Omar Abbosh）、塞爾斯（Jim Sayles）和他們的
團隊，而與安盛（Accenture）諮詢顧問公司形成的合
作。我們也要對朗訊科技公司（Lucent Technologies）
給予的支持道謝。

　　在研究過程中，我們曾造訪世界各地的企業主管
和公職人員，承蒙他們慷慨挪出時間並提供見解，對

本書構思的成形助益良多，使我們銘感五內。在許多
落實本書構想的公家計畫與民間專案中，三星電子的
「價值創新計畫」、新加坡為其政府和民間部門擬定
的「價值創新行動智庫」，都給予我們啟發，也讓我
們學到很多心得。三星電子執行長尹鐘龍（Jong-Yong
Yun）和新加坡政府常任祕書所有成員，都是難能可貴
的合作夥伴。我們也由衷感謝致力施行價值創新構想
的全球社區「價值創新網」（Value Innovation Network,
VIN）的成員，特別是那些無法在此一一提及的人。

　　最後，我們要感謝我們的編輯瑪琳姐‧梅利
諾（Melinda Merino）的明智批評和編輯回饋，也感
謝哈佛商學院出版小組給予的信任和熱心支持。在
此也向我們在《哈佛商業評論》現在和以前的編輯
致謝，特別是謙皮恩（David Champion）、史都華
（Tom Stewart）、史東（Nan Stone）和瑪格瑞塔（Joan
Magretta）。對INSEAD的許多企管碩士和博士，以及
高級主管培訓課程人員，我們也深懷感激。在測試本
書構想時，「策略和價值創新研究團體」課程的參與
人員更表現很大的耐心。他們具有挑戰性的問題和深
思熟慮的回饋，有助於釐清並強化我們的理念。

　　本書初版發行以來，除了先前提及的人士外，還要感謝過去十年許多人士的支持與貢獻。布朗（Dean Frank Brown）具有成立INSEAD藍海策略學院（Blue ocean Strategy Institute）的眼光，以及密郝夫（Ilian Mihov）主任與柴姆斯基（Peter Zemsky）持續支持該機構的成長。有了主任的眼光與支持，我們才能為INSEAD高階主管與企管碩士班（MBAs）創造許多藍海策略（BOS），拍攝以該理論為基礎的電影，這是一種新的教學法，目的是與傳統的紙本案例互補，供教室討論之用。我們也要感謝曾經在MBA，EMBA與INSEAD的高階主管課程教授BOS理論、模擬與學習課程的所有教員。在教員中尚未提及的有謝比羅夫（Andrew Shipilov）、波羅斯（Fares Boulous）、G・陳（Guoli Chen）、J・米（Ji Mi）、榭爾（Michael Shiel）、康斯坦提尼（James Costantini）、麥西斯（Lauren Mathys）教授。除了已經提及的同事與研究人員外，我們還要特別感謝的是慕尼爾（Zunaure Munir）、OY・辜（Oh Young Koo）、林恩（Katrine Ling）、奧尼克（Michael Olenick）、麥基（Zoë Mckay）、JE・李（Jee-eun Lee）、亨利（Oliver

Henry）、派特羅（Kinga Petro）。感謝他們在創造藍海策略教學材料、產業研究與應用軟體上的支持。我們也要感謝波庫爾基金（Beaucour Foundation）對研究提供慷慨的財務支持。

在許多協助我們將觀念付諸實踐的公共部門與非營利機構中，馬來西亞藍海策略學院（MBOSI）與歐巴馬總統的白宮傳統黑人大學提供我們新的動力，並應用與擴展藍海策略理論至領導統御、企業精神與非營利部門。除了許多要感謝的人以外，我們特別感謝馬來西亞公共與民間部門的領袖以及美國總統的傳統黑人大學顧問委員會。此外還要感謝J‧W‧P（Jae Won Park）和他在MBOSI的同事；伯恩（Robert Bong）和他的同事；萊克（John Riker）和他的同事；彼得‧吳（Peter NG）和他的同事；菲奧（Alessandro Di Fiore）和他的同事。在MBOSI，感謝我們藍海策略主管都達（Kasia Duda）與茱莉‧李（Julie Lee）熱心的支持與鍥而不捨的奉獻，以及威爾基（Craig Wilkie）的研究支持。最後，要竭誠感謝我們IBOSI的支援同事比皮諾（Mélanie Pipino）與皮克雷茲（Marie-Françoise Piquerez）持續不斷的支持與奉獻。

第一部

藍海無所不在

BLUE OCEAN STRATEGY
EXPANDED EDITION

當前的全球化競爭日趨白熱化，

大多數企業削價競爭，形成一片血腥紅海；

想在競爭中求勝，唯一的辦法就是不能只顧著打敗對手。

成功的企業會在紅海中擴展現有產業邊界，

創造出尚未開發的市場空間，形成無人競爭的藍海。

接下來，上百件策略個案研究，抽絲剝繭，

揭露企業邁向藍海的策略原則。

第1章

開創藍海

產業歷史顯示，

市場空間從來就不是恆常不變的；

藍海是隨著時間演進而不斷被創造出來。

近年來的策略思維，

偏重於競爭本位的紅海策略，

藍海策略指出商場的獨到特質：

創造沒有競爭對手的新市場空間的能力。

　　拉里貝提（Guy Laliberte拉過手風琴、踩過高蹺，也做過吞火魔術師，現在他是加拿大文化輸出勁旅「太陽劇團」（Cirque du Soleil）的執行長。太陽劇團成立至今，先後在全球三百多個城市演出，吸引了將近一億五千萬名觀眾。這個團體成立不到二十年，營收就已經達到全球馬戲團業霸主「玲玲馬戲團」（Ringling Bros. and Barnum & Bailey）經營了一百多年才有的水準。

　　太陽劇團成長得如此快速，的確令人刮目相看。其實馬戲團這一行已逐漸沒落，以傳統策略分析的說法就是成長有限的夕陽產業。明星級演員供過於求，然而買方也相當強勢。此外，都會的現場表演、體育賽事到家庭娛樂，多樣化的娛樂替代方式也帶來相當大的影響。現代兒童寧可打電動也不願去看馬戲團。凡此種種導致馬戲團的觀眾逐漸流失，營收和獲利隨之下滑。另外，動物保育團體反對馬戲團利用動物表演的聲浪日益升高。玲玲馬戲團老早為這一行奠定標竿，其他規模較小的馬戲團競爭只能依樣畫葫蘆，根本無法匹敵。因此，若以競爭策略為主軸，馬戲團這一行看來毫不足觀。　‧

因此，太陽劇團的成功，還有一點更是值得一提：它不是從日益萎縮的既有馬戲團市場爭取顧客。傳統馬戲團向來以提供兒童娛樂為目的，太陽劇團卻不與玲玲正面競爭；而是反其道而行，創造出無人競爭的新市場空間，讓競爭變得毫無意義。太陽劇團吸引的是全新的顧客群 —— 成年人和公司團體。這些人願意花數倍於傳統馬戲團門票費用，體驗前所未有的表演娛樂。從太陽劇團製作的首批節目之一「我們改造了馬戲團」，可見一斑。

破除競爭邏輯

太陽劇團之所以成功，在於它體認到要在未來贏得勝利，企業必須停止彼此競爭。想在競爭中求勝，唯一的辦法就是不要只顧著打敗對手。

要了解太陽劇團的成就，不妨想像一個市場，由兩種海洋組成：紅海和藍海。紅海代表所有現存產業，也是已知的市場空間；藍海意指所有目前看不到的產業，是未知的市場空間。

在紅海，產業邊界十分明確而且為大家所認可，也有一套共通的競爭法則[1]。所有公司都致力超越競爭對手，以掌握現有需求，控制更大的市占率。然而隨著市場空間愈來愈擁擠，獲利和成長展望日益萎縮，產品淪為大宗商品，割喉競爭將紅海染成一片血腥。

相形之下，藍海是尚未開發的市場空間及新需求，有機會創造獲利型成長。雖然有些藍海遠在現有產業邊界之外，但大部分的藍海是在紅海中擴展產業邊界而創造出來，太陽劇團就是個實例。在藍海中，競爭毫無意義，因為遊戲規則根本還沒成形。

紅海裡的企業，必須時時刻刻超越對手，才能成功屹立。當然，紅海的地位會一直存在，也是經營上擺脫不了的事實。但是，愈來愈多的產業出現供過於求的現象，爭奪日益緊縮的市場固然必要，卻不足以使企業維持高效能[2]。企業必須超越競爭；要掌握新的獲利和成長機會，就應該創造藍海。

只可惜，藍海多屬於未知的領域。過去三十年的策略研究，大部分聚焦於以競爭為主軸的紅海策略[3]，例如分析現有產業的潛在經濟結構；選擇低成本、建立差異化、聚焦的策略定位；以及盯衡競爭情勢。這

> 大部分的藍海是在紅海中擴展現有產業邊界而創造出來；由於藍海的遊戲規則尚未成形，因此無從競爭。

些研究成果都有助於企業在紅海中競爭求勝。關於藍海，雖已有部分論述[4]，但說到如何創造藍海，尚缺乏實際指南。由於缺少分析架構以及有效管理風險的原則，創造藍海顯得是一廂情願，以專業經理人的角度來看，風險實在太大。因此本書提供了一套務實的架構和分析，以便按部就班邁向並掌握藍海。

藍海就在你身邊

「藍海」一詞聽來陌生，實際上存在已久，而且是過去及當前經營生態都具備的特性。你可以回顧一百二十年前並問問自己，「當前的產業有多少是過去一無所知的？」答案是：汽車、唱片、航空、石化、醫療保健、管理諮商等許多基本產業，在當時不是聞所未聞，就是才剛萌芽。時間拉回四十年前，現今許多總值數十億、甚至數兆美元的龐大企業，早年根本毫不起眼，隨便數數就有：電子商務、行動電話、筆記型電腦、路由器、交換器、其他網路設備、天然氣發電廠、生物科技、折扣量販、包裹快遞、休旅車、

滑雪板、咖啡廳等等。不過四十年，市場已完全改觀。

　　現在把時鐘撥到二十年甚至五十年後，試想屆時會出現多少今天未知的企業。如果歷史是預測未來的指標，我們斷言，這些企業絕對不在少數。

　　事實上，企業從來就不是靜止不動的。它們會不斷的演進，作業方式會改善，市場會擴展，參與的人來來去去。歷史顯示，我們嚴重低估了人類創造新企業和改造現有企業的能力。美國人口普查局制定的「產業標準分類」（Standard Industrial Classification，SIC），在公布施行超過半世紀後，1997年已被「北美產業分類標準」（North America Industry Classification Standard，NAICS）取代。新制度把SIC編列的十個產業部門擴大為二十個，以反映新產業領域逐漸產生的現實[5]。例如，舊制度下的服務業，現已擴張為七大產業部門，範圍涵蓋資訊、醫療保健到社會救助[6]。由於制度設計的目的在標準化和持續性，這種變化即顯示出藍海急遽擴展的程度。

　　然而，這些年來的策略思考卻集中在競爭本位的紅海策略，部分原因是企業策略根源於軍事戰略，而且深受影響。許多用語根本是借自軍事術語，例如企

業「總部」的首席「執行長」、「前線」的「部隊」；這種角度顯示，戰略的目的是對抗敵手，爭奪範圍有限的固定領土[7]。但產業歷史顯示，市場空間與戰爭不同，它從來就不是恆常不變的；而且，藍海是隨著時間演進而不斷被創造出來。因此，若是聚焦於紅海，等於接受戰爭蘊含的限制因素——領域有限，要贏就得先殲滅敵人。這等於否定了商場獨到的活力，也就是創造無人競爭的新市場空間的能力。

新市場的效益

我們著手研究一百零八家公司的業務拓展專案，以便統計開發藍海對公司營收和獲利成長有何衝擊（見圖表1-1）。

我們發現，有86%的業務推動案屬於擴大既有產品系列，就是在現有市場空間形成的紅海中逐步改善。但是，這些業務占了公司整體營收的62%，對整體獲利貢獻卻只占39%。剩下的14%的新業務旨在創造藍海，結果為公司創造了38%的整體營收，對整體

圖表 1-1

創造藍海的獲利和成長結果

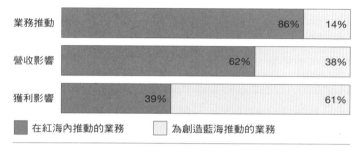

業務推動	86%	14%
營收影響	62%	38%
獲利影響	39%	61%

■ 在紅海內推動的業務　　□ 為創造藍海推動的業務

獲利貢獻達61%。這些新業務包括為開發紅海及藍海所做的整體投資（營收和獲利結果不論，並計入失敗的企畫案），開發藍海的效益顯而易見。雖然我們對紅海和藍海拓展專案的成功率缺乏統計資料，但是二者在全球表現的效益，差別極為明顯。

變革勢在必行

　　開發藍海之所以日益迫切，其後有諸多力量推動。科技日新月異已大幅提升產業生產力，使得供應

商推出的產品和服務是五花八門，前所未有；這導致產業愈來愈多，供過於求[8]；而全球化趨勢更是火上加油。隨著各國和各地區之間的貿易壁壘消除，加上產品和價格資訊在全球各地即時流通而且唾手可得，許多原來得以壟斷經營的利基市場和受到保護的市場不斷消失[9]。在全球競爭激化、供給持續攀升之際，卻無明確跡象顯示需求擴大，統計資料甚至指出許多已開發市場人口正在減少[10]。

結果是產品和服務加速商品化、價格戰加劇、獲利率萎縮。一個針對美國許多重要品牌的研究，證明了這個趨勢[11]。研究顯示，在主要產品和服務類別，品牌不同，但性質愈來愈類似，消費者也漸漸根據價格選購產品，不再講究特定品牌[12]。他們不像過去認定洗衣粉非汰漬（Tide）不用；現在，要是佳潔士（Crest）牙膏減價促銷，消費者不會非買高露潔（Colgate）不可，反之亦然。市場已經過度擁擠，因此不論經濟景氣或衰退，品牌特色的建立愈來愈困難。

二十世紀的企業策略和管理做法，大多根據當時的企業環境演變而來，上述情況卻顯示這樣的企業環境正逐漸消失。隨著紅海愈來愈血腥，企業管理階層

必須破除積習，致力開拓藍海。

從策略行動著手

　　企業如何擺脫競爭慘烈的紅海？如何創造藍海？要達到這個目標，有沒有一套系統性的做法，協助企業經營維持高效能？

　　要找答案，第一步就是定義「基本分析單位」（basic unit of analysis）。企業文獻為了解高效能經營的根源，通常以「公司」做為基本分析單位。人們總對某些公司如何利用一套明確策略、作業和組織特色，達到獲利豐厚的強大成長，感到讚佩。但問題是：真有哪些公司是「傑出卓越」或「高瞻遠矚」持續不墜，能不斷超越市場，一再開發藍海嗎？

　　以《追求卓越》（*In Search of Excellence*）和《基業長青》（*Built to Last*）二書為例[13]。暢銷一時的《追求卓越》在三十年前出版，上市不到兩年，其中討論的某些公司就已經開始走下坡，逐漸為人淡忘，像是雅達利（Atari）、奇滋寶旁氏（Chesebrough-

Pond's）、數據通用（Data General）、富樂（Fluor）、國家半導體（National Semiconductor）。正如《刀口上的管理》（*Managing on the Edge*）一書指出，《追求卓越》出書五年內，其中列舉的模範企業有三分之二從本業的龍頭寶座栽了下來[14]。

《基業長青》也不能免俗。這本書探索經營表現始終長保領先，「高瞻遠矚型企業之成功習慣」。為避免《追求卓越》一書所犯的錯誤，《基業長青》把調查期拉長至企業成立以來的整段歷史，而且只選擇經營超過四十年的企業。《基業長青》後來也變成暢銷書。

然而，經過深入檢討，《基業長青》列舉的某些高瞻遠矚型企業仍出現缺失。《創造性破壞》（*Creative Destruction*）一書指出，《基業長青》舉出的模範公司成功之道，主要歸功於整個產業的表現，而非個別公司有特出作為[15]。例如惠普（Hewlett-Packard，簡稱HP），因長期表現超越市場，達到《基業長青》訂定的標準。然而，不僅惠普的表現如此，整個電腦硬體業亦然。更重要的是，惠普連在本行都未能超越其他競爭對手。《創造性破壞》據此質疑，真有持續超越市場的「高瞻遠矚型企業」（visionary company）？

　　若是沒有公司能長期維持優異績效，而且如果同一家公司可能某段時間表現優異、過些時候卻極為失常；那麼，在探索優異績效與藍海的成因時，以公司做為分析單位顯然並不合適。

　　前面提到，歷史顯示產業會隨著時間應運而生，而且持續擴張；產業狀況和疆界也沒有明確界定；每個人都可能參與塑造。公司不必在特定產業之中硬碰硬競爭，例如太陽馬戲團就為娛樂業開闢出新的市場空間，創造出強大的獲利成長。因此，在研究獲利型成長的根本原因時，公司或企業似乎都不是最適當的分析單位。

　　我們的研究與這個觀察結果一致：研究藍海如何開發並維持優異績效的正確分析單位，應該是「策略行動」（strategic move）。策略行動包含開拓市場的重大企畫案所牽涉的一套經營措施和決策。例如，康柏電腦（Compaq）在2001年被惠普收購，不再是獨立經營的公司，許多人可能就此認定康柏經營不善。然而，康柏創造伺服器業務的藍海策略行動可不能就此抹煞。這策略行動不僅讓康柏在1990年代中期重振雄風，也為電腦業務開啟了價值億萬的全新市場空間。

> 研究藍海如何開發並維持優異績效的正確分析單位,不是公司或企業,而是「策略行動」(strategic move)。

　　附錄A〈藍海類型簡史〉,從我們的資料庫選出三種美國代表性企業,並針對其歷史概要檢討。這三種企業分別是汽車業(上下班的工具)、電腦業(工作的左右手)、電影產業(下班後的休閒娛樂)。如附錄A所示,我們找不到哪家公司或企業能永遠保持傑出。但是,這些策略行動開創出藍海,導引出強大獲利成長的全新途徑;其中似乎存在某種顯著的共通性。

　　我們所討論的策略行動 —— 產品及服務由此產生,開創並占據全新市場空間,使得需求大幅攀升 —— 其中創造獲利型成長的故事固然引人入勝,而錯失良機沉淪紅海的故事也相當發人深省。我們依據這些策略行動進行研究,裨便了解創造藍海和達到優異績效的模式。本書所做的研究調查涵蓋三十多種產業,從1880年到2000年採取了一百五十多種策略行動,在調查過程中,我們也深究了每一種策略行動的產業角色,包括旅館、電影、零售、航空、能源、電腦、廣播和建築、汽車和鋼鐵。我們不僅分析成功創造藍海的企業贏家,也檢討那些敗下陣來的競爭同業。

　　針對特定策略行動及縱覽各種策略行動,我們也探討,開創藍海的族群以及沉淪紅海、較不成功的族

群，各有何共同點及相異處。在這個過程中，我們試圖發掘藍海出現的共同因素，以及這些贏家有別於那些在紅海掙扎求生的企業和輸家的重要因素。

我們對三十多種產業進行分析，證實任何產業或組織特性都無法解釋這兩個族群的差別。分析產業、組織和策略變數之後，我們發現創造和掌握藍海的企業有大有小、有新有舊、有年輕經理和資深經理、有當紅產業和冷門產業、有民營事業和公營事業、有企業對企業（B2B）和企業對顧客（B2C）的經營模式，也有來自不同國家的公司。

我們找不到永遠卓越的公司或企業，卻發現那些表面上看起來很獨特的成功故事，不論它們採取何種創造和掌握藍海的策略，背後都有個共同形態一以貫之。不論是福特公司於1908年推出T型車、通用汽車公司於1924年推出迎合顧客各種心理需求的車型、有線電視新聞網（CNN）於1980年推出每週七天，一天二十四小時的即時新聞服務，或是康柏、星巴克、.西南航空公司（Southwest Airlines）、太陽劇團甚至Salesforce.com，還是我們研究所涵蓋的其他藍海行動，不論是屬於何種產業，任何時期用以創造藍海的

> 「價值創新」（value innovation）是聚焦於為顧客和公司創造價值躍進，進而開啟無人競爭的市場空間，正是藍海策略的基石。

策略都有一套的共同做法。另外，我們的研究也觸及一些成功改革公家機關的著名策略行動，在其中也發現明顯的類似模式。本書初版發行至今已經過十年，期間我們的資料庫與研究數據依然持續擴大成長，而我們也不斷觀察到各種類似的模式。

價值創新，超越競爭

創造藍海的成敗，完全取決於擬定策略的方式。陷於紅海的公司只會延續傳統做法，亟於在現有的企業領域建立自保的地位[16]。藍海的創造者卻不把競爭當做標竿[17]，相反的，他們遵循不同的策略理念，追求我們所謂的「價值創新」（value innovation），也就是藍海策略的基石。之所以稱為「價值創新」，是因為這種策略不汲汲於打敗競爭對手，反而致力於為顧客和公司創造價值躍進，進而開啟無人競爭的市場空間。

在價值創新裡，「價值」和「創新」同等重要。沒有創新的價值，容易專注於漸進式的「價值創造」（value creation），即使價值改善，仍不足以在市場脫

藍海策略｜增訂版

穎而出[18]；一般由科技推動、屬於未來市場先驅，若是少了價值創新，往往超過顧客所能接受的程度，無法吸引人掏錢購買[19]。因此，價值創新必須有別於科技創新和市場先驅。我們的研究顯示，創造藍海的成敗關鍵並非尖端科技，也不是「進入市場的時機」；這些因素有時確實存在，不過大多數並非如此。只有創新與實用、售價和成本配合得恰到好處，才能達到價值創新。如果不能將創新與價值緊密結合，科技創新者和市場先驅常常會變成為人作嫁，白白便宜他人。

價值創新是嶄新的策略思考與執行模式，能創造藍海並且脫離競爭。重要的是，價值創新可以不理會以競爭為本位的策略中，最通行的教條：「價值／成本抵換」（the value-cost trade-off）[20]。傳統思維認為，公司可以用較高的成本，為顧客創造更大的價值；或用較低的成本，創造合理的價值。這種策略，造成差異化或低成本之間只能擇一而行[21]。相形之下，企圖創造藍海的人，是同時追求差異化和低成本。

案例：沒有動物的馬戲團

回到太陽劇團這個例子。它創造的娛樂經驗，根

本核心就是同時追求差異化和降低成本。太陽劇團創辦之初，其他馬戲團只顧互別苗頭，微幅調整傳統表演，試圖在日益縮小的市場中擴大占有率，包括爭取最出名的小丑和馴獸師，導致開支增加，卻未能實質改變人們對馬戲團的觀感。結果經營成本提高，營收卻未增加，消費者對馬戲團的整體需求江河日下。

　　太陽劇團竟然能讓這些困境都變得毫無意義；它既不是一般劇團，也不是傳統馬戲團，根本不在乎競爭規則。馬戲團面對的問題，就是必須創造更加刺激有趣的馬戲表演及噱頭；設法找出更高明的招數來壓倒競爭對手，就成了這一行的傳統思維。然而太陽劇團另闢蹊徑，它讓顧客同時體驗到馬戲表演的刺激娛樂，加上劇場表演的豐富藝術及心靈饗宴。因此，馬戲團這一行遭遇的困境被重新界定[22]。藉由打破劇場和馬戲團的市場邊界，太陽劇團不僅獲得馬戲團觀眾的認同，也被原來不看馬戲團的人所接受；而新顧客群就是欣賞劇場表演的成年人。

　　這種態度導出全新的經營概念，打破「價值／成本抵換」，創造出新市場空間形成的藍海。不妨想想箇中差異，其他馬戲團只顧提供動物表演、招攬明星

演員、劃出三個場子同時表演不同節目讓觀眾看得眼花撩亂、努力對觀眾兜售零食和紀念品以增加收入；太陽劇團卻全盤推翻。傳統馬戲團始終將這些做法視為理所當然，從不質疑其合理性。但是，社會大眾對役使動物表演愈來愈反感；而且動物表演已成為馬戲團的最大開銷，購買和飼養動物要花錢，還得負擔訓練、醫療照顧、圈養、保險和運輸費用。

　　同樣的，馬戲團業拚命吹捧自己的明星演員，但在大眾心裡，與電影明星或知名歌手相比，馬戲班子的明星實在不夠看。雇用大牌明星的成本不小，對觀眾的號召力卻非常有限。另外，同時設立三個場子，分別上演不同節目的做法也早已落伍，只是讓觀眾眼睛轉來轉去，不知道應該看哪裡才好，結果徒增表演人數，成本也相對提高。而在觀眾席賣東西，看起來是增加收入的好法子，可是價格貴得令人不敢領教，顧客即使勉強掏腰包也覺得當了冤大頭。

　　傳統馬戲團歷久不衰的魅力，只剩下三個重要成分：帳篷、小丑、傳統雜耍表演。因此，太陽劇團保留小丑，但是把他們的演出方式從胡鬧耍寶，變得更細膩和引人入勝。在許多馬戲團開始放棄帳篷，寧

【企圖創造藍海的人，是同時追求差異化和低成本；這種觀念能打破「價值／成本」抵換原則，開拓出新市場空間。】

可租借演出場地之時，它卻採用更精美華麗的帳篷。太陽劇團深知帳篷的獨特風格早已成為馬戲團魅力象徵，因此它精心設計這個傳統馬戲團標幟，外表鮮艷奪目，裡面布置得舒適宜人，看不到以前的木屑和硬板凳，令人不禁回想起過去光輝的大馬戲團時代。雜耍和其他驚險刺激表演也保留了下來，但分量減少，增加藝術氣息和知性品味，更顯典雅。

太陽劇團進一步超越市場界限，向劇場表演求取靈感，引進馬戲表演以外的新元素，例如為節目編排出一套故事，以豐富知性、藝術性高的音樂和舞蹈，還有準備好幾套節目。這些馬戲團業的空前創舉，都是借自另一種現場娛樂表演業：劇場。

傳統馬戲團提供的是一連串彼此毫無關聯的節目，太陽劇團製作的節目卻都有主題和故事，有點類似劇場表演。雖然這些主題故意弄得含含糊糊，卻使節目兼具知性與和諧一致，也不會限制了表演的效果。太陽劇團也向百老匯舞台取經，如製作好幾套節目，而不靠一套節目走天下。和百老匯演出一樣，它每一場表演都有原創音樂和各種配樂，利用音樂推動視覺表演、燈光和動作，而非反其道而行。這些節目

也借用劇場和芭蕾舞的特色，充滿抽象活潑的舞蹈。藉由引進這些新成分，太陽馬戲團終於創造出更精緻的表演。

此外，製作好幾套節目輪流演出，也讓觀眾願意再度光臨，大幅提高了太陽劇團的市場需求。

簡言之，太陽劇團同時提供馬戲表演和劇場精華，消去或減少了其他元素（它提供了前所未有的觀賞效益，開創出藍海，以及現場表演的全新形式，與傳統馬戲團和劇場大異其趣）。此外，太陽劇團消去了許多花費最高的馬戲元素，大幅降低成本結構，同時達到差異化和低成本的目標。依據劇場票價對門票進行策略定價，將馬戲團業的票價拉抬數倍，卻仍能吸引習慣了劇場票價的大批成人觀眾。圖表1-2呈現差異化—低成本的動能，成了價值創新的基礎。

如圖表1-2所示，開發藍海是為了降低成本，並為顧客提高產品價值，這是同時為公司和顧客創造價值躍進（leap of value）的方法。由於顧客得到的價值，來自公司提供的產品效益和售價；而公司得到的價值，來自產品價格及成本結構。因此，只有在產品的效益、售價和成本活動形成的整個體系適當搭配下，

價值創新:藍海策略基石

當公司的行動對本身成本結構,以及公司對顧客提供的價值,都發揮有利影響時,才能創造出價值創新。撙節成本是藉著消除和減少一個行業藉以競爭的因素來達成。提高顧客獲得的價值,則藉著提升和創造這一行以前沒有提供的因素來達成。長期下來,隨著更卓越的價值導致銷售量提高,使規模經濟因素發揮效用,成本會更加降低。

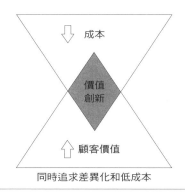

同時追求差異化和低成本

才能達到價值創新。但要維持這些價值創新,必須得到為公司工作及與公司合作人士的支持。為了讓價值創新成為永續發展的策略,公司必須整合旗下所有的設備、價格、成本及人事。體系整合是讓價值創新成為一種策略行動,而非停留在執行及功能面的關鍵。

相形之下,產品創新之類的創新活動,在次級系

統的層級就可以辦到，不會影響公司的整體策略。例如，生產程序的革新或能降低公司的成本結構，強化既定的成本領導策略，卻不能改變產品效益定位。雖然這種創新可能有助於穩固甚至提升公司在現有市場空間的地位，但這種次級系統方式鮮少開發出藍海，也就是創造新市場空間。

因此，價值創新是一種不同的概念，是攸關涵蓋公司整體作業的策略[23]。要達到價值創新，公司整個作業體系必須定位為達到顧客和公司雙方的價值「躍進」，不這樣做，創新仍將與策略核心脫節[24]。圖表1-3劃分出紅海和藍海策略的重要特質。

競爭本位的紅海策略，認定產業的結構狀態是固定的，企業被迫在結構中競爭。這種想法源自學術界所謂的「結構主義」觀點（structuralist view），或「環境決定論」（environmental determinism）[25]。相反的，價值創新是奠基於，市場邊界和企業結構屬於未知，可以經由企業的行為和信念獲得重建，我們稱之為「重建主義觀點」（reconstructionist view）。在紅海，追求差異化所費不貲，因為所有公司都秉持相同的「最佳實務」（best-practice）法則從事競爭。在這種情況

> 要達到價值創新，公司整個作業體系必須定位為達到顧客和公司雙方的價值「躍進」，否則創新仍將與策略核心脫節。

下，公司的策略選擇只剩下追求差異化或降低成本。但是，在重建主義世界，策略的目標是打破現有的「價值／成本抵換」模式，創造新的最佳實務法則，因而開創出藍海。（相關討論，請見附錄 B〈價值創新：策略的重建主義觀點〉。）

　　太陽劇團打破馬戲團業的最佳實務慣例，重建現有產業邊界的元素，一舉做到差異化和低成本。經過消去、減少、拉抬、創造的步驟，太陽劇團到底算是「馬戲團」還是「劇團」？如果它是劇團，該歸類成

圖表1-3

紅海與藍海策略的對比

紅海策略	藍海策略
在現有市場空間競爭	創造沒有競爭的市場空間
打敗競爭	把競爭變得毫無意義
利用現有需求	創造和掌握新的需求
採取價值與成本抵換	打破價值—成本抵換
整個公司的活動系統，配合它對差異化或低成本選擇的策略	整個公司的活動系統，配合同時追求差異化和低成本

哪一種劇團？百老匯舞台劇、歌劇，還是芭蕾舞劇？
這點實在很難界定。太陽劇團重建了這些不同演出方
式的元素，最後兼容並蓄了每一種表演形式的某些特
質，又沒有全盤採納其中任一種表演。它創造出的藍
海是全新、沒有競爭對手的市場空間。

航向藍海

當前的經濟狀況顯示，建立藍海勢在必行，但一
般咸信公司一旦逾越現有產業空間，成功的可能性就
會降低[26]。這議題關乎如何在藍海成功。公司在擬定
和執行藍海策略時，要怎樣才能有系統的盡可能擴大
機會，同時減少風險？創造和掌握藍海，是由盡量擴
大機會和縮小風險的原則推動的，對此缺乏了解，藍
海計畫將更為窒礙難行。

當然，任何策略都不可能毫無風險[27]。機會和風
險永遠相隨，不論是紅海策略或藍海策略都一樣。但
是，目前企業環境失衡，求勝工具和分析架構大幅向
紅海傾斜。這種情況一日不改，紅海勢必繼續控制公

司策略計畫，縱使創造藍海日益迫切也是枉然。有識之士一再敦促業者努力超越現有企業空間，卻未受重視，原因可能就在此。本書試圖提出一套辦法，支持我們的理論，並破除這種失衡。在此（第一章），我們提出藍海的成功原則和分析架構。

第二章介紹對於創造和掌握藍海至為重要的分析工具和架構。這些基本分析工具和架構將應用於全書，我們也會視情況需要，介紹其他輔助工具。創造藍海的分析工具和架構，與機會和風險息息相關，企業一旦有計畫的使用，將對其本身或市場根本結構造成積極性改變。後幾章將介紹一些原則，以成功擬定和執行藍海策略，並說明如何實際應用這些原則和前面所提的分析工具。

第三章到第六章將依序討論，成功擬定藍海策略的四項指導原則。第三章教你如何跨越不同企業領域，有系統的創造沒有競爭對手的市場空間，以便減少「搜尋風險」（search risk）。它教你如何跨越六個傳統競爭領域，將競爭拋諸腦後，開啟充滿商機的藍海。這六種途徑的重點在探討各種替代產業、策略群組、顧客群、輔助產品和服務、特定企業的功能和感

情定位，甚至跨越時間，探討整個產業的長期趨勢。

　　第四章說明如何設計策略計畫程序，超越漸進式改良，創造價值創新。現有策略計畫程序經常被批評為數字遊戲，導致公司陷入漸進式改良的窠臼。新程序則另闢蹊徑，專門對付「計畫風險」（planning risk）。本章條理分明，讓你聚焦願景，而非計較數字與似是而非的論調，同時提出四個步驟的計畫程序，協助你制定出能創造並掌握藍海的策略。

　　第五章說明如何擴大藍海。傳統做法為迎合現有顧客的喜好，企圖把市場區隔劃分成更小的單位，反而形成愈來愈小的特定目標市場。為了創造最大的新市場需求，本章挑戰這種做法，教你如何統合需求，不要專注於顧客的差異性，而應在非顧客之間盡量找出強大的共同點，擴大正在創造的藍海和正受到掌握的新需求，也把「規模風險」（scale risk）減到最小。

　　第六章提出一套策略設計，讓你不僅可以為廣大顧客提供價值躍進，也能夠建立一種切實可行、可以帶來和維持獲利型成長的經營模式。它著力於「經營模式風險」（business model risk），教你如何建立一套創造藍海並從中賺錢的經營模式；根據效益、價格、

> 儘管執行藍海策略的時間和資源有限，只要領導人和經理人
> 開誠布公，都能夠克服認知、資源、動機和政治方面的障礙。

成本和推行，按部就班擬定策略，在創造新業務領域之際，確保公司和顧客雙贏。

第七到第十章討論有效執行藍海策略的原則。第七章介紹所謂的「引爆點領導」（tipping point leadership），顯示經理人如何動員組織，克服妨礙藍海策略施行的重要組織障礙。這關乎「組織風險」（organizational risk）。本章說明，儘管執行藍海策略的時間和資源有限，只要領導人和經理人開誠布公，都能夠克服認知、資源、動機和政治方面的障礙。

第八章強調把執行作業納入制定策略的程序之必要，以鼓勵全體人員身體力行，在組織內部持續執行藍海策略，介紹我們所謂的「公平程序」（fair process）。由於藍海策略必然悖離現狀，本章聚焦說明與態度及行為相關的「管理風險」（management risk），說明公平程序如何激勵全體人員，讓他們表現出執行藍海策略必要的志願合作，促進策略的制定和執行。這裡說的全體人員，是指所有為公司工作及與公司合作的內部和外部人士。

第九章中處理的是一致性（alignment）的全面整合觀念，以及如何在策略中扮演持久性的角色。在此

我們提供一個簡單但是全面性的架構，讓企業組織知道如何全面發展並讓價值、利潤與人員三種主張一致化。本章主要在討論管理持久性風險（sustainability risk）。為使策略持久，本章要從一致性的重要性開始講起，無論藍海或紅海，透過成功與失敗的案例，說明一致化是如何在藍海策略的背景下成功運作。

第十章提出更新（renewal）的問題，以及在個別業務與多元化業務的企業層級中，兩種藍海策略的動態觀點。我們要擴大討論如何管理與監控個別業務與企業產品組合，在歷經一段時間後又該如何持續達成高績效。為達成此目的，本章處理的是管理更新風險的問題，使藍海策略的程序得以制度化，而不只是一次性的偶發事件。本章顯示，管理企業的產品組合在經過一段時間的背景下，紅海與藍海策略如何相互搭配與相輔相成。

圖表1-4顯示成功擬定與執行藍海策略的八項原則，以及這些原則可以減少的風險。

最後，我們特別列出十個常見的紅海陷阱做為增訂版的結尾。這些陷阱會使企業在紅海裡拋錨，即使他們正試圖揚帆航向藍海。在此我們明確指出如何避

藍海策略的八項原則

擬定原則	每項原則可以減少的風險因素
重建市場邊界	↓ 搜尋風險
聚焦願景而非數字	↓ 計畫風險
超越現有需求	↓ 規模風險
建立正確策略次序	↓ 經營模式風險

執行原則	每項原則可以減少的風險因素
克服重大組織障礙	↓ 組織風險
結合策略與執行	↓ 管理風險
讓策略主張一致化	↓ 持久性風險
更新藍海	↓ 更新風險

開每一種陷阱。我們點出與更正這些紅海陷阱背後的錯誤觀念，確保人們不但有正確的規劃，而且能適當應用藍海策略的工具，以在實務上達到成功。

現在讓我們前往第二章。第二章將提出基本的分析工具與架構，在全書討論藍海策略的擬定與執行時，這些工具與架構都會派上用場。

第2章

分析工具與架構

差異化及低成本絕對可以同時達成。

本章提出策略草圖及

四項行動架構（four actions framework），

經營模式必須接受這些分析工具的檢驗，

才能創造新的價值曲線。

　　我們花了十年發展出一套分析工具與架構，希望擬定和執行藍海策略變得有系統並且可行，如同在已知市場空間形成的紅海中從事競爭。分析工具可以填補策略領域的空缺，雖然現有策略領域已為紅海競爭發展出一系列強大的工具與架構，例如分析現有企業環境的五力（five forces），以及三個一般性策略（three generic strategies），但是對於在藍海致勝所需的實際工具，卻未著墨。企業主管只聽到要他們積極進取、從失敗中學習、尋求革命性創新的呼籲。這些論調雖具啟發性，卻無法取代在藍海成功航行所需的分析方法。沒有分析方法，企業主管不可能響應號召，突破現有競爭。切實有效的藍海策略，應是達到風險最小化，而不是讓人涉險。

　　為了消除這種失衡現象，我們研究了世界各地的企業，並為追求藍海發展出實用的方法論。接著我們與一些追求藍海市場的公司合作，把這些工具與架構拿來實際應用、進行檢驗，並在過程中加以增益改進。我們在後面討論有關擬定和執行藍海策略的八大原則時，這裡提出的工具與架構將適用於全書。在此先簡單介紹這些工具與架構，並以美國葡萄酒業為

例，顯示這些工具如何應用並創造藍海。

美國葡萄酒的紅海困境

　　情況是這樣的。直到2000年為止，美國葡萄酒消耗量占全球第三位，年營業額兩百億美元。即使有如此大的市場，該產業競爭依然十分激烈。加州葡萄酒是美國國內市場霸主，占美國葡萄酒銷售量的三分之二。這些產品與來自法國、義大利及西班牙的進口貨正面競爭，還有智利、澳洲和阿根廷等新世界生產的葡萄酒；這些進口酒已積極瞄準美國市場。當時俄勒岡州、華盛頓州、紐約州生產的葡萄酒日增，加州一些新葡萄園也臻於成熟開始量產，使美國葡萄酒市場的供應呈現爆炸性成長。然而，美國的消費基礎根本上還是維持原狀，個人葡萄酒平均消耗量，排名仍在全球第三十一位。

　　這種激烈競爭在釀酒業引發合併風潮。業者中的前八強控制了美國75%以上的市場，剩下25%的市場，據估計由其餘一千六百家釀酒廠瓜分。少數大廠

把持市場，強迫配銷商讓出貨架空間，並砸下數百萬
美元的預算在媒體上打廣告。美國各地的零售商和配
銷商同時也開始合併，使它們對過多的釀酒廠擁有更
大的談判力量。零售與配銷空間出現激烈爭奪戰。在
這種情況下，經營不善的釀酒廠紛紛關門實在不足為
奇。葡萄酒的價格受到沉重壓力，難以提高。

簡言之，美國葡萄酒業在2000年面臨激烈競爭、
日益增加的價格壓力、來自零售和配銷管道愈來愈強
大的談判力量。根據傳統策略思維，這個產業實在不
吸引人。對策略專家來說，最重要的問題在於如何掙
脫這種競爭慘烈的紅海，讓競爭變得失去意義？如何
開發並掌握沒有競爭對手的市場空間所形成的藍海？

要解答這些問題，必須探討價值創新與開創藍海
的基本分析架構 —— 策略草圖（strategy canvas）。

策略草圖分析價值曲線

對於建立強大的藍海策略而言，策略草圖提供了
診斷及行動架構。首先，它掌握已知市場空間的競爭

態勢，讓你了解當前市場的競爭重點，業者目前在產品、服務與供應方面的競爭因素，以及顧客從市場的現有競爭中得到什麼。圖表 2-1 呈現這些資料。橫軸列舉業者據以從事競爭與投資的因素。以美國葡萄酒業為例，目前存在七個主要因素：

● 每瓶酒的售價。

1990 年代末美國葡萄酒業的策略草圖

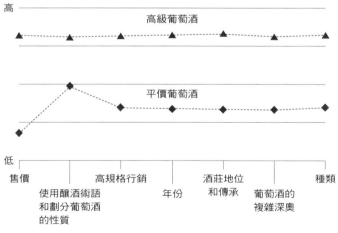

高

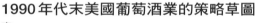
高級葡萄酒

平價葡萄酒

低

售價　使用釀酒術語　高規格行銷　年份　酒莊地位　葡萄酒的　種類
　　　和劃分葡萄酒　　　　　　　　和傳承　複雜深奧
　　　的性質

● 以包裝投射出精英、文雅的形象。包括在酒標
印出曾經贏得的獎項，使用深奧的釀酒術語強
化釀酒的藝術和專業。

● 大規模媒體廣宣活動。市場上品牌眾多，為加
深顧客印象，並鼓勵配銷商與零售商著力於推
廣自家酒廠的產品。

● 酒的陳釀品質。

● 酒莊的聲望和歷史傳承（是以要強調莊園與城
堡的稱號以及產業歷史）。

● 品酒時感受的味覺層次與深度。包括丹寧酸或
橡木桶香味。

● 兼顧各種葡萄品種以及顧客喜好的各式葡萄
酒，從夏朵內（Chardonnay）到梅洛（Merlot）
等等。

　　這些因素被視為銷售葡萄酒的關鍵，讓葡萄酒變
成適合品酒專家以及特別場合的獨特飲料。

　　這是實際上從市場觀點看到的美國葡萄酒業的
潛在結構。現在，讓我們來看策略草圖的縱軸。這裡
列舉的是，顧客從這些關鍵競爭因素可以得到多少利

益。分數愈高，表示公司向顧客提供的利益愈多，因此在這個因素投資也愈大。在價格方面，分數愈高，顯示價格愈貴。我們現在可以描繪出葡萄酒業目前提供這些因素的狀況，以了解葡萄酒業的策略組合（strategy profile），或價值曲線（value curve）。價值曲線是策略草圖的基本元素，也是用圖形描繪一家公司在該行業中各種競爭因素的相對表現。

　　圖表 2-1 顯示，美國葡萄酒業在 2000 年雖有超過一千六百家酒莊，可是從顧客的觀點來看，它們的價值曲線極為類似。儘管競爭者眾多，然而我們發現，要是畫出頂級酒的策略草圖，從市場觀點來看它們的策略組合，基本上是雷同的。這些酒的定價高，在所有關鍵競爭因素上都做到高水準以便滿足顧客。它們的策略組合遵循傳統差異化策略。但從市場觀點來看，它們的差異性完全一樣。

　　另一方面，平價酒也擁有相同的基本策略組合，除了價格低廉，它們在所有關鍵競爭因素上的滿足程度維持低水平，是典型的平價廠商。此外，高級葡萄酒與低價葡萄酒的價值曲線基本上形狀相似。這兩個策略群組，策略步調完全一致，只是兩者提供的滿足

程度高下有別。

　　面對這種產業情況，要讓一家公司達到獲利型成長，不可能光是見賢思齊，從競爭對手身上學習，並進一步以較低的成本、提供較高的價值來壓倒對手。這種策略可能讓銷售量稍微提高，可是很難開啟無人競爭的市場空間。進行大規模顧客研究，也不是創造藍海之道。我們的研究發現，顧客很難想像如何創造沒有競爭的市場空間；他們的邏輯通常傾向於「俗擱大碗」，而所謂的「大碗」，往往侷限於企業現已提供的產品和服務特色。

　　要從根本扭轉企業的策略草圖，必須重新定位你的策略焦點，一方面從「競爭對手」轉移到「另類選擇」；另一方面要從產業的既有「顧客」轉移到「非顧客」[1]。為了同時追求價值與成本，應該推翻舊式邏輯，不要在差異化與成本領導策略之間取捨，並與現有領域的競爭對手進行拉鋸戰。一旦把策略焦點從當前的競爭，轉移到另類選擇與非顧客，你會對如何重新定義產業問題的聚焦有了全新認識，並藉此重建產業邊界內的買方價值基礎。相形之下，傳統策略邏輯只是促使你對產業特有的現存問題，提出比競爭對手

更好的解決方案。

在美國葡萄酒業的案例中，傳統思維使得釀酒廠把焦點過度集中在品牌盛名及酒的品質，並反映在定價上。這種過度承諾（overdelivery），把葡萄酒複雜化了——大家都得依據釀酒廠的賞味標準來品酒，而葡萄酒展的評審制度更強化了這個品酒原則。釀酒業者、酒展評審與品酒行家都認為，孕育葡萄的土質、季節，以及釀酒廠對丹寧酸、橡木桶和年份熟成等技巧的講究，都構成了葡萄酒個性與特質的層次，這種複雜奧妙代表了酒的品質。

但是，澳洲的卡塞拉酒廠（Casella Wines）卻探究另類選擇，將葡萄酒業面對的課題重新定義：如何釀造出讓每個人都容易上口，而又有趣的非傳統葡萄酒？這個想法從何而來？放眼啤酒、烈酒和即飲雞尾酒等另類選擇的需求市場時，卡塞拉酒廠發現，這些產品當時在美國酒類消費的銷售量是葡萄酒的三倍。它也發現許多美國成年人對葡萄酒不感興趣，覺得葡萄酒太過做作，讓人望而生畏，而且品酒過於深奧難懂，雖然這正是葡萄酒業者的競爭重點，但對一般人來說，品酒成了一樁挑戰。卡塞拉洞悉問題所在，開

始探索如何重新擬定美國葡萄酒業的策略組合，以創造藍海。為達到目標，就要採取第二個基本分析工具：四項行動架構（four actions framework）。

四項行動架構

為了重建買方價值基礎並塑造新的價值曲線，我們發展出四項行動架構（four actions framework）。如圖2-2所顯示，要破除差異化與低成本的抵換關係，創造新的價值曲線，產業的策略邏輯與經營模式必須接受下面四個關鍵問題的挑戰：

- 產業內習以為常的因素，有哪些應予消除（eliminate）？
- 哪些因素應減少（reduce）到遠低於產業標準？
- 哪些因素應提升（raise）到遠超過產業標準？
- 哪些未提供的因素，應該被創造（create）出來？

第一個問題促使你思索，產業內哪些競爭因素應該消去。這些存在已久的因素往往被視為理所當然，但實際上它們的價值日漸流失，甚至反過來減損現有價值。有時買方價值的基礎已經改變，可是企業只顧彼此較勁，未能因應這種變化，甚至毫無所覺。

　　第二個問題迫使你正視產品及服務是否設計過度，只為超越並擊敗競爭對手；企業若是對顧客過度

圖表2-2

四項行動架構

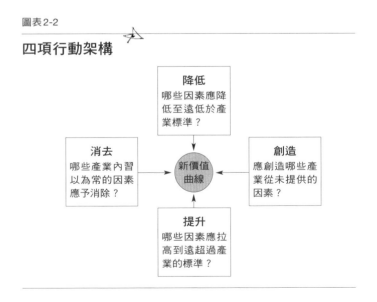

降低
哪些因素應降低至遠低於產業標準？

消去
哪些產業內習以為常的因素應予消除？

新價值曲線

創造
應創造哪些產業從未提供的因素？

提升
哪些因素應拉高到遠超過產業的標準？

周到，往往使成本結構增加，卻得不到任何好處。

第三個問題是要找出產業是否有哪些盲點是顧客必須將就的，你必須想辦法解決。

第四個問題協助你開發出買方價值的全新基礎、創造新的需求，並改變產業的策略定價。

前兩個問題（消除與降低）讓你體認到該如何改變成本結構，才不會受到競爭纏鬥的影響。我們的研究發現，對於產業競爭因素的投資，少有經理人能有系統的著手消除並降低；結果使得成本結構增加，經營模式更形複雜。另一方面，後面兩個問題有助於思考如何提昇買方價值及創造新需求。四者相輔相成，可以按部就班探討發掘下面議題：如何重建買方價值並跨足另類產業，提供顧客全新體驗；然而成本結構要保持低廉。消除與創造這兩個行動尤其重要，因為它們促使企業去超越當前競爭標準所設定的價值極大化。消除和創造能激勵企業改變這些因素，使得現有的競爭規則失去著力點。

將這四項行動架構放上產業的策略草圖，能讓你重新看待習以為常的現實，並獲得全新的領悟。

案例：黃尾袋鼠跳脫品酒窠臼

美國葡萄酒業的案例中，卡塞拉酒廠摒棄產業舊思維，根據這四項行動探究「另類選擇」和「非顧客」，推出策略組合與競爭對手截然不同的「黃尾袋鼠」（yellow tail）葡萄酒，創造出藍海。卡塞拉酒廠不將黃尾袋鼠設定成葡萄酒，而是塑造成人人皆宜的社交飲料，不論是愛喝啤酒、雞尾酒，還是其他喝傳統葡萄酒的人，都能接受黃尾袋鼠。

推出才兩年，黃尾袋鼠這種有趣的社交飲料異軍突起，成為澳洲與美國葡萄酒業史上成長最快的品牌，也是美國進口葡萄酒中數量第一的品牌，超過法國和義大利的葡萄酒。2003 年 8 月，它躍居為美國七百五十毫升瓶裝紅葡萄酒的銷售冠軍，連加州的品牌都望塵莫及。黃尾袋鼠的年平均銷售量節節攀升，到了 2003 年中，達到四百五十萬箱。在全球葡萄酒供應過剩之際，黃尾袋鼠卻供不應求。十年後的今天，黃尾袋鼠的通路已擴及全球五十多個國家，平均每天都有二千五百萬杯的黃尾袋鼠葡萄酒被喝下肚。短短十年間，該品牌便崛起成為世界影響力排名前五的葡萄酒品牌[2]。

　　更重要的是，大酒廠經常花幾十年投資於行銷，才發展出強勢品牌，黃尾袋鼠沒有做推銷活動，不靠大眾傳播，也沒有向顧客打廣告，卻一舉超越那些勢力強大的競爭對手。它不僅搶走競爭酒廠的生意，也擴大了市場。黃尾袋鼠把原來不喝葡萄酒的人，包括那些只喝啤酒與即飲雞尾酒的顧客，引入葡萄酒市場。剛開始喝佐餐酒的人，會更常選擇喝葡萄酒；喝瓶裝葡萄酒的人，開始提高酒的等級；喝高級葡萄酒的人則自動降級，改喝黃尾袋鼠。

　　圖表 2-3 顯示，這四項行動顯然讓黃尾袋鼠擺脫美國葡萄酒業的競爭。我們用圖形來比較黃尾袋鼠的藍海策略，與當時在美國市場上彼此競爭的一千六百多家酒廠有何不同。正如圖 2-3 所顯示，黃尾袋鼠的價值曲線異軍突起。卡塞拉酒廠利用四項行動（消除、降低、提升、創造）開發出無人競爭的市場空間，短短兩年內，就使美國的葡萄酒業風貌丕變。

　　藉著探索啤酒和即飲雞尾酒的另類選擇，從非顧客的觀點出發，卡塞拉酒廠在美國葡萄酒業創造出三個新的因素：容易入口、容易選擇、有趣並具冒險意涵；同時也消除或降低了所有其他因素。卡塞拉酒

圖表2-3

黃尾袋鼠的策略草圖

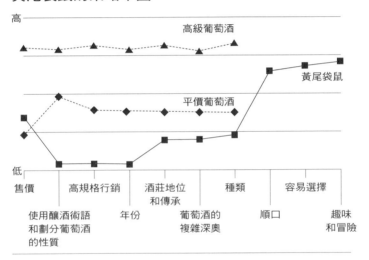

廠發現，大多數美國人覺得品嚐葡萄酒這件事過於深
奧，很難入門，所以拒喝。相形之下，啤酒和即飲雞
尾酒比較甜，也比較容易下口。因此，黃尾袋鼠創造
出較簡單的葡萄酒結構，<u>葡萄酒的特質有了全新風
貌，立刻受到眾多酒客喜愛。</u>黃尾袋鼠葡萄酒像即飲
雞尾酒和啤酒一樣，柔和順口，一入喉就可以感受明
顯的果香。它的水果甜味有助於保持清新味覺，讓人

自然而然一杯接著一杯。因此這種酒很容易喝，不必
花上幾年功夫培養鑑賞力。

除了簡單清甜的果香，黃尾袋鼠葡萄酒也大舉
降低或消除葡萄酒業長期以來的競爭因素，包括丹寧
酸、橡木桶、味覺層次及熟成年份等等。不論高級葡
萄酒還是平價葡萄酒，這些條件都是長久以來的生產
標準。由於消除了需要熟成的因素，卡塞拉酒廠投入
熟成作業的成本隨之減少，使產品可以更快回收。葡
萄酒業批評黃尾袋鼠的甜味果香，不只讓葡萄酒品質
大打折扣，也掩蓋了對優質葡萄和傳統釀酒技術的鑑
賞。這些批評或許不無道理，可是各類顧客都愛上了
黃尾袋鼠葡萄酒。

美國的葡萄酒零售商提供顧客的產品種類多不勝
數，可是對於一般顧客來說，這些選擇多得讓他們眼
花撩亂，甚至望而生畏。這些產品外表看起來大同小
異，標籤又複雜，充滿了行家才懂的釀酒術語。由於
葡萄酒種類太多，連店員都搞不清楚，無法對一臉茫
然的顧客提供建議。成排成架的葡萄酒，形形色色，
把想要買酒的人弄得頭昏腦脹，不知從何下手，有人
乾脆放棄不買，一般買酒的人也不確定自己的選擇正

確與否。

　　黃尾袋鼠讓選酒更簡單，使一切改觀了。產品種類大幅減少，只提供兩種葡萄酒：美國最流行的夏多娜白酒，以及喜若（Shiraz）紅酒。酒瓶上的釀酒術語全都被刪除，且突破傳統，採用顯眼而又簡單的標籤──漆黑的背景，襯著一隻鮮艷明亮的橘黃袋鼠。裝酒的紙箱也採用同樣的搶眼色彩，上面印著大大的〔yellow tail〕字樣，成為搶眼又平易近人的展示商標。

　　卡塞拉酒廠贈送零售商店員工澳洲內陸的牧場工作服，包括布須曼帽子和防水夾克，讓他們穿戴，變成「黃尾袋鼠」大使，這招發揮出奇的功效。這些員工身穿有商品品牌的服飾，加上葡萄酒本身平易近人，他們很自然就會對顧客推銷黃尾袋鼠。事實上，向顧客推薦黃尾袋鼠成了一件趣事。

　　卡塞拉一開始只提供兩種產品，一種紅酒和一種白酒，因此整個經營模式非常精簡。讓現貨品項極小化，存貨周轉率極大化，對倉庫存貨的投資也減省到極小的地步。減少產品種類的策略，也應用於紙箱裡的酒瓶。黃尾袋鼠打破同業規範，用同樣形狀的酒瓶來裝紅酒和白酒。卡塞拉是第一家這樣做的酒廠，使

得製造和採購程序更為簡化，也讓葡萄酒的外觀非常簡潔、搶眼。

世界各地的葡萄酒業都致力宣揚葡萄酒的悠久歷史和精緻傳統，並引以為傲。反映在美國目標市場的成效，就是那些受高等教育的高所得專業人士。因此，業者繼續強調葡萄園的品質和傳承、城堡或莊園的歷史傳統，以及曾經贏得的葡萄酒大獎。事實上，美國葡萄酒大廠的成長策略全針對市場的高階層，並投資幾千萬美元從事品牌宣傳，強化這種形象。

然而，藉著探究喝啤酒和即飲雞尾酒的顧客，黃尾袋鼠葡萄酒發現這種精英形象並不能引起一般大眾的共鳴，甚至讓他們裹足不前。因此，黃尾袋鼠打破傳統，創造出體現澳洲文化特色的個性：大膽、悠閒、有趣、冒險。「平易近人」是這個品牌的最高原則，這也是「澳洲大地的本質」。它完全不講究傳統酒莊的形象：品牌名稱採用小寫字體，並搭配鮮艷色彩和袋鼠主題，都呼應澳洲本色；而且事實上，酒瓶上根本沒有提到酒莊。這產品保證讓歡樂氣氛從酒杯裡蹦出來，就像澳洲袋鼠一樣。

結果，黃尾袋鼠吸引了各種層面時的酒客。藉著

提供顧客更多價值，這種價值躍進使黃尾袋鼠的價格得以提高到超過平價酒市場的水準，每瓶售價六‧九九美元，比大瓶裝葡萄酒當時的價格高出一倍以上。2001年7月黃尾袋鼠問市，銷路即刻突飛猛進。十年後的今天，它在美國的售價已調高到七‧四九美元。

分析輔助表

創造藍海的第三種關鍵工具，也是前面四項行動架構的分析輔助，稱為「消去—降低—提升—創造」

圖表2-4

消除—減少—提升—創造表格：黃尾袋鼠案例

消除	提升
釀酒術語和各種區別 高級行銷 熟化品質	與平價酒的價差
減少	**創造**
葡萄園地位與傳統 葡萄酒的複雜深奧 葡萄酒種類	容易飲用 容易在零售通路選購 樂趣和冒險

表（eliminate-reduce-raise-create grid，請參考圖2-4）。

這個表不僅幫助企業探究四項行動架構提出的四個問題，也促使企業對這四者採取行動，以創造新的價值曲線。企業在表格上填入消除、降低、提升和創造等行動，可以收到下列效果：

- 促使企業同時追求差異化和低成本，破除了價值成本抵換的常規。
- 及時提醒企業，不要光是專注於提升和創造，導致成本結構加重、產品及服務設計過度，使得經營陷入困境。
- 所有層級的經理人都能一目了然，因此實際施行時，能獲得積極參與。
- 完成本表極富挑戰性，促使業者主動檢討每個競爭因素，以便了解在競爭過程中，企業不知不覺中形成哪些自以為是的假設。

圖2-5是太陽劇團的「消除─降低─提升─創造」表，這個例子具體呈現這種工具在實際運用上能發掘的產業現況。值得注意的是，本表點出這個產業長久

消除─減少─提升─創造表格：太陽馬戲團案例

消除 明星演員 動物表演 在觀眾席賣東西 多環表演場	提升 價格 獨特場地
減少 趣味和幽默 刺激和驚險	創造 富有主題的節目 觀賞環境雅緻 製作多套節目 藝術歌舞

以來據以競爭、而業者發現能夠予以消除和降低的各種因素。太陽劇團消除了傳統馬戲團的部分元素，例如動物表演、明星演員、以及能同時上演數個節目表演場。傳統馬戲團長久以來一直把這些因素視為理所當然，從未質疑維持這些做法是否合乎時宜。但是，社會大眾對於利用動物來表演，愈來愈不以為然，而且動物表演是馬戲團成本開支最大的項目之一，不僅添購動物要花錢，還要負擔訓練、照顧、豢養、保險和運輸的費用。同樣的，雖然馬戲團拚命宣傳明星演員，可是在一般大眾心裡，所謂的馬戲團明星根本無

法與電影明星或知名歌手相提並論，這些明星演員成本很高，對觀眾的吸引力卻有限。三環表演場也已過時，這種安排不僅讓觀眾的目光無所適從，也使需要上場的表演人數大為增加，成本隨之加重。

優質策略的特質

黃尾袋鼠葡萄酒就像太陽劇團，創造了獨特而又傑出的價值曲線，另闢藍海。正如黃尾袋鼠的策略草圖所顯示，它的價值曲線擁有明確焦點；公司沒有一舉囊括所有競爭關鍵，分散資源。它不以競爭對手做模仿對象，卻用心探究另類選擇，結果它的價值曲線與其他對手大異其趣。例如，黃尾袋鼠的策略組合形成了非常清晰明確的標語：「簡單、有趣，每天都能開懷暢飲的葡萄酒。」

因此，利用價值曲線來表現時，像黃尾袋鼠這種有效的藍海策略，擁有三種互補的特質：焦點明確、獨樹一幟、標語畫龍點睛。如果沒有這些特質，表示企業策略可能模糊不清，毫無特性，很難與高成本結

> 能夠發揮作用的藍海策略，應有三種互補特質：焦點明確、
> 獨樹一幟、畫龍點睛的標語。

構產生連結。創造新價值曲線的四項行動（消除、降低、提升、創造）應該經過企業的微妙操作，導出具備這三大特質的策略組合。藍海構想是否具備商業可行性，這三大特質就是初步檢驗標準。

　　西南航空的策略組合，顯示這三種特質如何呈現該公司利用價值創新，改造短程航空業的有效策略（參考圖表2-6）。搭飛機速度較快，可是搭車比較經濟且富有彈性，旅客通常必須在兩者之間做取捨。西

圖表2-6

西南航空公司的策略草圖

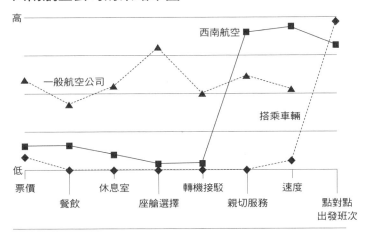

南航空打破這種取捨，創造出藍海。為了達到這個目標，西南航空用吸引一般大眾的低廉價格，以及有彈性的繁多班次，提供快捷的運輸服務。透過消除和降低傳統航空業的一些競爭因素、提升其他因素，並參考汽車運輸這個另類選擇，創造出新的因素，西南航空得以用低成本的經營模式，為搭機旅客提供空前的利益，並達到價值上的躍進。

在策略草圖上，西南航空的價值曲線與其他競爭對手顯著不同。它的策略組合是強大的藍海策略的典型範例。

焦點明確

卓越的策略都有明確的焦點，而公司的策略組合，也就是價值曲線，應該明確顯示出焦點所在。探討西南航空的策略組合，一眼就可以看出該公司只強調三個因素：親切的服務、速度、頻繁的點對點（point-to-point）直達航班。由於西南航空只專注於這些焦點，不為餐飲、休息室和座位艙等做額外投資，因此能夠提供堪與汽車運輸競爭的票價。相形之下，西南航空的傳統競爭對手投資於航空業互相競爭的所

有因素，反而更難與西南的低廉票價競爭。這些企業全面投資於所有因素，任憑競爭對手的作為決定自己本身的方針，導致成本昂貴的經營模式。

獨樹一幟

企業全心因應競爭而形成的策略會失去獨特性，想想大多數航空公司的餐飲和商務艙休息室，幾乎都大同小異。所以在策略草圖中，這些因應性質的策略通常擁有相同的策略組合。以西南航空為例，競爭對手的價值曲線確實都一模一樣，因此在策略草圖裡，只用上一條價值曲線，就可以把它們全部描繪出來。

相較之下，藍海策略的價值曲線總是有別於同行。藉著採用消除、降低、提升和創造這四項行動，它們的策略組合與同產業的一般輪廓顯著不同。例如，西南航空率先在中型城市之間，提供點對點直達航程，不像傳統航空業採用軸輻系統（hub-and-spoke system）的運輸方式。

畫龍點睛的標語

卓越策略的標語，都具備畫龍點睛的效果：「無

論何時，以汽車的票價，提供飛機的快捷，」這是西南航空的廣告語，至少很適合作為標語。這讓競爭對手毫無招架之力。西南航空減少傳統航空業的餐飲、座位艙等分級、休息室、軸輻連接航線、標準服務，以及隨之而來的運輸速度下降與較高票價。腦筋再靈活的廣告公司，都很難擬出生動有力的口號來涵蓋這些作為。恰到好處的標語不僅要傳達明確信息，也必須貼切宣揚產品特色，否則會喪失顧客信任，及對產品喪失興趣。事實上，檢驗策略效用與力量的好方法就是，宣傳口號是否強大而貼切。

正如圖2-7所顯示，太陽劇團的策略組合也符合判斷藍海策略的三個標準：焦點明確、獨樹一幟、口號別出心裁。太陽劇團的策略草圖，讓我們能夠把它的策略組合與主要競爭對手做鮮明的比較。這個策略草圖明確呈現出，太陽劇團的做法與傳統馬戲團的理念差別有多大。玲玲馬戲團的價值曲線，基本上與地區性的小型馬戲團一樣，主要差別在於地區馬戲團受限於資源，所有競爭因素的表現都稍稍遜色。

相形之下，太陽劇團的價值曲線表現突出。它提供一些超越傳統馬戲團領域的新因素，例如表演的主

【恰到好處的標語不僅要傳達明確信息，也必須貼切宣揚產品特色，否則會失去顧客的信任，並對產品喪失興趣。】

圖表2-7

太陽馬戲團的策略草圖

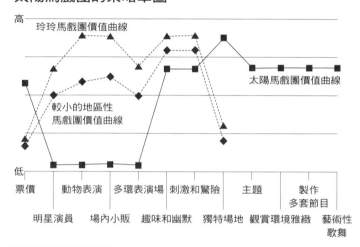

題性、多套節目、舒適的觀賞環境、藝術性的音樂和舞蹈。這些因素在馬戲團界前所未見，都是全新創造出來的，概念借用了劇院這個現場娛樂表演的另類選擇。這樣一來，策略草圖明確描繪出影響產業競爭的傳統因素，以及創造出新市場空間、並改變產業策略草圖的新因素。

黃尾袋鼠葡萄酒、太陽劇團以及西南航空公司，

分別在截然不同的產業環境創造出藍海。然而，它們的策略組合都擁有三個特質：焦點明確、獨樹一幟、畫龍點睛的標語。這三項標準能夠引導企業重建市場邊界，顧客和企業都能獲得價值躍進。

解讀價值曲線

策略草圖讓企業從當前情勢看出未來發展。為達到這個目標，企業必須懂得解讀價值曲線。產業的價值曲線，暗藏有關經營現況與未來的豐富策略訊息。

首先，價值曲線能解答的是，這樁業務能不能馬到成功。如果一家公司或競爭對手的價值曲線，具備卓越藍海策略的三個特質（焦點明確、獨樹一幟、畫龍點睛的標語），表示這家公司的做法正確。這三項標準是藍海構想能否締造商業成功的初步檢驗方法。

另一方面，一家企業的價值曲線如果不能聚焦，那麼成本結構會偏高，而經營模式在落實與執行上也會變得複雜。價值曲線若缺乏獨樹一幟的特性，那麼企業策略往往流於抄襲跟風，在市場上毫無特色可

言。最後，若是價值曲線少了抓住顧客的醒目標語，則很可能來自企業內部驅動，或是為創新而創新，因此缺乏商業潛能，這種價值曲線不可能開花結果。

曲線重疊：紅海企業

一旦企業的價值曲線與競爭者重疊，表示這家企業可能正陷於紅海的血腥纏鬥。企業的策略，不論是外顯策略或內隱策略，多半打算在成本或品質方面勝過競爭對手。這表示企業的成長會趨緩，除非這間公司的運氣特別好，從事正在起飛的產業。然而，這種成長並非來自企業策略，而是純屬運氣。

曲線過高：事倍功半

當企業價值曲線的所有因素都高居策略草圖的上層位置，問題就來了：企業的市占率以及獲利是否值得做出這些投資？如果答案是否定的，這種策略草圖顯示公司的供給可能超過顧客的需求，給了太多讓顧客所獲價值增加的要素。

策略出現矛盾

所謂策略矛盾，是指企業提高某個競爭因素的內容標準，卻忽略了這個因素背後所需的支援。例如，斥資設計使用便利的企業網站，卻未能改進網站緩慢的作業速度。企業提供的產品水準與價格，也可能出現策略矛盾的現象。例如，加油站發生「價高質低」的現象，也就是價格高於競爭對手，服務品質卻遠遠落後，難怪這種加油站的市占率快速下降。

心中無顧客

在描繪策略草圖時，企業如何標示產業競爭因素？例如，企業是否使用「百萬赫」而非「速度」，使用「熱水溫度」而非「熱水」？形容這些競爭因素時，是使用顧客能夠了解和重視的詞句，或採用作業術語？策略草圖使用的這類語言，反映公司的策略願景是建築在由需求面推動的「由外而內」觀點，或是由本身作業推動的「由內而外」觀點。分析策略草圖的用語，可以協助企業了解，自己與創造產業需求之間的距離有多遠。

> 為了創新價值，企業不能光注意哪些因素需要提升、創造，還必須決定哪些應消除或降低，才能與同業區隔。

　　本章介紹的工具與架構，是貫穿全書的基本分析方法，其他章節將視情況需要介紹其他輔助工具。交叉應用這些分析技術以及藍海策略擬定與執行的八大原則，讓企業擺脫競爭，開啟無人競爭的市場空間。我們接著會探討下一個原則 —— 重建市場邊界。下一章，我們將討論如何開創機會最大且風險最小的途徑，以通往藍海。

第二部

擬定策略的原則

BLUE OCEAN STRATEGY EXPANDED EDITION

擬定藍海策略有四項原則：

1. 重建市場邊界
2. 聚焦願景而非數字
3. 超越現有需求
4. 建立正確策略次序

用策略草圖畫出你的價值曲線，開發藍海策略
接下來就是執行力的問題。

第3章

重建市場邊界

傳統的市場競爭裡看不到藍海商機。

企業應從六大途徑重新定義產業界限，

依據各種替代產業、策略群組、顧客群、

輔助產品和服務、產業的功能和感情定位，

以及長期趨勢，走出傳統競爭思維，

減少「搜尋風險」（search risk）。

　　藍海策略的第一個原則，就是重建市場邊界，以便擺脫競爭並創造藍海。這個原則主要是針對搜尋風險，許多公司為此絞盡腦汁；其中的挑戰在於從眼前無數的潛在機會中，找出具有強大獲利潛能的藍海商機。這項挑戰相當關鍵，因為企業經理人絕不能像賭徒，靠著直覺或隨機下注的方式，來決定公司策略。

　　進行研究時，我們希望發掘出有系統有組織的模式，能藉此重建市場邊界並創造藍海。如果行得通的話，我們也想知道這些模式能否適用於各行各業 —— 例如消費品、工業生產、金融服務、電訊資訊，以及製藥和B2B電子商務 —— 還是只限於特定行業。

　　結果我們發現，創造藍海有清楚的模式可循。說得更明確一點，我們發現六種重建市場邊界的基本途徑，叫做「六大途徑架構」（six paths framework）。這些途徑適用於各種行業，可以引導公司開發出可望獲利的藍海構想。這些途徑並不需要對未來獨具慧眼或洞察，而是奠基於探究既定事實資料的全新角度。

　　這幾個途徑挑戰了很多企業策略所依據六大基本假設。大多數的公司將這六大假設視為理所當然並形成策略，反而陷入紅海競爭。具體來說，企業會因循

舊假設並採取以下做法：

- 沿用產業舊有競爭邏輯，一心想在其中出類拔萃。
- 從一般策略群組（例如高級車、小型車、家庭房車）的角度來看競爭，並試圖在這個策略群組內脫穎而出。
- 聚焦於相同的顧客群組，像是採購者（例如辦公室設備業）、使用者（例如成衣業），或是群組中的影響者（例如製藥業）。
- 以慣用方式定義本行提供的產品和服務的範圍。
- 全盤接受產業的既有功能定位或感性定位。
- 在擬定策略時，專注於同樣的時間點，而且往往只看到眼前的競爭威脅。

企業要是執著於產業中勝出的傳統思維，它們的競爭方式會趨近雷同。但是，為了創造藍海，經理人不能只看傳統市場邊界裡面的情況，必須有系統地探討產業之外的天地。他們必須檢視各種另類行業、策略群組、顧客群組、互補產品和服務、本行的功能

和感性定位，甚至探討本行的長期發展趨勢。這種做法能讓企業對如何重建市場現實，以開啟藍海了然於心。現在就讓我們來探討這六種途徑如何發揮作用。

途徑一：跨足另類產業

從最廣泛層面來看，公司的競爭對象不只是產業中的同行，還包括提供另類產品或服務的其他產業。另類（alternative）的範疇遠比替代（substitute）廣泛。「替代」意指形式不同，可是功能或核心效益一樣的產品或服務。「另類」卻包括功能和形式不同，可是目的相同的產品或服務。

例如，從事個人理財，可以購買和安裝財務軟體、雇用會計師，或使用紙筆，近幾年還有各種應用程式可以幫助計算。無論是軟體、會計師、紙筆或是應用程式，基本上都可以彼此替代。它們形式不同，可是同樣具有協助管理私人財務的功能。

相形之下，產品或服務可能有不同形式和功能，卻能夠達到相同的目的。就以電影院和餐館來說吧。

> 另類（alternative）遠比替代（substitute）廣泛；「另類」還包括了功能形式不同，但目的相同的產品或服務。

餐廳與電影院的設施大不相同，功能也不一樣。餐廳可以滿足口腹之慾和交談樂趣，電影則是視覺娛樂，兩者提供的經驗截然不同。然而，儘管形式和功能有別，上館子和看電影的目的一樣，都是為了在外頭輕鬆享受一個晚上。餐廳和電影院不是彼此的替代品，而是彼此的另類選擇。

買方每次進行採購決定時，都會衡量各種替代品，而且經常是不自覺地盤算各種選擇。例如，你能不能撥出兩個鐘頭逍遙一下？做什麼比較好？看電影呢、去按摩呢，還是帶一本好書到咖啡店裡消磨時間？不論是個別消費者還是企業採購者，都會進行這種直覺的思考程序。

但是，我們變成賣方時，常為某些緣故放棄這種直覺思考。賣方鮮少意識到顧客對各種另類選擇的取捨是如何進行的。在同一產業裡，產品價格或形式一有變動，甚至只要廣告翻新，都可能挑起同行對手的大動作反擊。但是，相同行動若是來自另類產業，卻常被忽略過去。專業期刊、同業商展、消費者評鑑報告，都強化了各產業之間的壁壘。但是，價值創新的機會往往來自各種另類產業的相鄰空間。

案例：誰說企業不能共用飛機

以NetJets為例。這家公司在噴射機持分市場開拓出藍海，不到二十年的時間，規模就已超過許多航空公司，擁有超過五百架飛機，在超過一百四十個國家飛航超過二十五萬架次。如今這個數字又再攀升，NetJets目前擁有一隊超過七百架飛機的機隊，航行於一百七十個國家間。1998年由柏克夏海瑟威公司（Berkshire Hathaway）收購後，NetJets已是價值數十億美元的企業，並擁有全世界規模最大的私人機隊。一般認為NetJets的成功，主要是靠作業彈性、縮短旅行時間、提供便捷的旅行經驗、更加可靠，以及策略定價。事實上，NetJets是藉著放眼另類行業，重建市場邊界，並創造出自己的藍海。

航空業最大的財神爺就是商務旅客。NetJets著眼於既有的另類行業，發現商務旅客搭機時，主要有兩種選擇。企業主管可以搭乘商用客機的商務艙或頭等艙，公司也可能自己買飛機應付商旅需求。問題是，公司為什麼非得在各種另類選擇之間做取捨？NetJets聚焦於企業衡量各種另類選擇的關鍵因素，消去並減少其他變數，就此開創出自己的藍海策略。

　　試想：公司為何決定讓公出員工搭乘商務客機？當然不是看上大排長龍的機場報到程序和安全檢查、也不是倉促轉機、過境住宿以及擁擠的機場。相反的，企業選擇商務客機只有一個理由：成本。搭乘商務客機可以省下價值幾百萬美元的噴射專機，以及維修保險等固定投資；另一方面，公司只需購買每年需要的機票，減少變動成本，也降低了公司專機閒置不用所造成的浪費。

　　於是Netjets引進了將飛機所有權切割販售的新概念。他們將飛機所有權分成最小十六分之一等分，意即每位顧客每年享有五十小時飛行時間。以僅四十美元起的售價（包含機師、維修和其他定期費用），顧客就可以購得價值七百萬美元飛機的部份所有權[1]，以相當於頭等及商務客機票價的價格，享受私人噴射機的便利。美國全國民航協會（National Business Aviation Association）發現，如果把旅館、餐飲、旅行時間、各種花費等直接和間接成本計入，搭乘商務客機頭等艙的費用，比搭乘私人專機高得多。假定有四名旅客從新澤西州紐瓦克前往德州奧斯汀，搭乘商務客機的實際成本為依萬九千四百美元，而搭乘私人專

機的成本為一萬零一百美元[2]。NetJets藉著出售持分，
避免了商務客機為填滿愈來愈大的機體所需的龐大固
定支出。NetJets使用較小的飛機、較小的地區機場和
有限的員工，將成本壓到最低。

　要了解NetJets的作業模式的其他訣竅，不妨考
慮反面情況：為什麼要放棄商務客機搭乘公司專機？

圖表3-1

NetJets的策略草圖

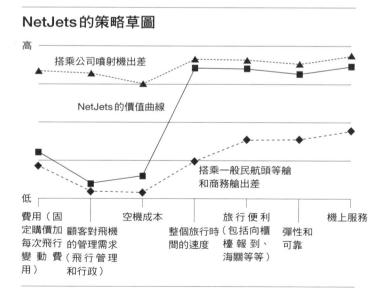

這絕不是為了想花幾百萬美元買架飛機過癮，也不是想設立專門的飛行部門，負責安排時間和其他行政事務，更不是喜歡所謂的空機成本，也就是讓飛機從停放地點，飛到乘客所在地點的費用。相反的，企業和富豪購買私人專機是為了大幅減少旅行時間，免除擁擠的機場造成的種種麻煩，可以做點對點直線飛行，以及提升個人工作效率，在抵達時依然精神抖擻，一到目的地就能展開下個行程。因此，NetJets努力加強這些優勢。美國有七成的班機集中飛往美國各地的三十座機場，NetJets的飛機卻飛航美國各地超過五千五百座機場，而且這些機場大多位於接近商業中心的便利地點。如果是國際飛行，專機甚至可以直接滑行到顧客的辦公室前面。

點對點直線服務，加上降落的機場劇增，免除了轉機的必要；原來需要過夜的出差，現在一天就可以往返。從抵達機場到飛機起飛只需幾分鐘，不必再浪費幾個鐘頭。例如，從華盛頓市到加州沙加緬度，搭乘商務客機需要十‧五小時，搭乘NetJets專機只要五‧二小時。從加州棕櫚泉到墨西哥聖盧卡斯岬（Cabo San Lucas），搭乘商務客機要六小時，搭乘

NetJets 專機只要二‧一小時。NetJets 使旅行時間的成本大為縮減。

最方便的是，只要提早四小時通知，你的噴射機隨時待命。如果有哪一架飛機騰不出來，NetJets 會為你安排別的飛機。此外，NetJets 大幅消除安全方面的疑慮，並針對顧客的需要提供飛行服務，例如一登機就可以享受到自己最喜愛的食物和飲料。

藉著提供商務客機和私人噴射機的優點，並消除和減少其他一切，NetJets 開啟價值數十億美元的藍海，讓顧客以低廉的固定費用和搭乘頭等及商務客機的極低變動成本，獲得私人噴射機的便利和速度（請參考圖表3-1）。至於競爭呢？如今，即使已經過了三十年，NetJets 所開啟的藍海，依然超出同業競爭者的五倍之多[3]。

案例：i-mode 行動上網

1980 年代以來日本最成功的電訊事業，也是採取第一種途徑。這就是日本電話電報公司（NTT）在 1999 年展開的 DoCoMo i-mode。i-mode 服務改變了日本民眾的連絡方式和資訊取得途徑。NTT DoCoMo 創

> NTT DoCoMo專注於網路和手機對彼此的決定性優勢，並消除或減少其他因素，打破這兩種另類選擇的抵換。

造藍海的眼光，來自思索為什麼必須對手機和電腦網路這兩種另類選擇做取捨。隨著日本電訊業解除管制，新的競爭對手進入市場，價格競爭和技術競賽成為常態。結果導致成本提高，從每個用戶得到的平均營收減少。NTT DoCoMo藉著創造出無線傳輸的藍海，殺出血腥競爭的紅海，重建了手機及網路產業。

　　DoCoMo探索電腦網路和手機各有什麼獨特優點。雖然網路提供無窮無盡的資訊和服務，可是真正的殺手級應用（killer apps，改變一個產業的市場現況，摧毀並重建整個行業的新產品或服務）在於電郵、生活資訊（例如新聞、天氣預報、電話簿）和娛樂（各種比賽、活動和音樂娛樂）。電腦網路的最大缺點包括當時電腦硬體價格太貴、資訊太多、撥接上網太麻煩，以及透過電子途徑傳送信用卡資料安全堪慮。在另一方面，手機的獨特優點就是攜帶方便、語音傳送和使用簡便。

　　NTT DoCoMo並非藉著創造新的科技，而是專注於網路和手機對彼此的決定性優勢，並消除或減少其他一切，打破對這兩種另類選擇的取捨。它發展出使用便利的界面，只有一個簡單的按鍵，也就是i-mode

117

第 3 章｜重建市場邊界

按鈕（i代表互動 interactive、網際網路 Internet、資訊 information 和英文代名詞我 I）。只要按下這個按鈕，立刻可以連接網際網路的少數幾種殺手應用。但是，這個按鈕不會像電腦網路一樣，用無窮無盡的資訊轟炸你，而是連接一些預先選定和獲得批准的網址，提供一些最流行的網路功能。這種做法使得遨遊網路非常便捷。同時，雖然 i-mode 電話比普通手機貴上 25%，卻比當時用來上網的個人電腦及筆記型電腦便宜許多，而且可以帶在身上到處跑。

此外，除了增加語音服務，i-mode 利用簡單的收費服務，讓用戶透過 i-mode 使用各種網路服務的費用，都集中在每個月的同一份帳單。這種做法大為減少用戶收到的帳單數量，也不必像使用網際網路一樣，提供信用卡資料。由於只要打開手機，i-mode 就自動啟動，用戶可以隨時與網路保持連結，不必費事登錄上網。

不論是標準的手機、桌上型或是筆記型電腦，都無法與 i-mode 獨特的價值曲線競爭。直至 2009 年，也就是推出十年以後，i-mode 的用戶高達近五千萬人，傳送資料、圖片和文字的營收也從 1999 年的

二億九千五百萬日圓暴增到一兆五千八百九十億日圓。i-mode服務不僅搶走競爭對手的顧客，同時還擴大市場，吸引無數年輕與年老用戶，把原來只會使用手機語音服務的顧客，變成熱衷於語音和資料傳輸的用戶。i-mode是全球第一支在單一國家獲得大規模使用的智慧型手機，到了2007年iPhone發表後才嚴重受到威脅。iPhone以推出應用軟體（apps）創造出一個新的、甚至更大的藍海（見途徑四）。

其他還有許多大家耳熟能詳的成功事例，也都是經由跨足另類產業創造出新的市場。家居貨棧（HomeDepot）用遠低於傳統五金行的價格，向顧客提供房屋營建商的專業知識與技能。藉著提供兩種另類選擇的決定性優點，並消除或降低其他因素，家居貨棧把住宅裝修的龐大潛在需求變成實際需求，讓一般人都可以自己動手裝修房屋。家居貨棧現在已經成為全球最大的家飾建材零售商。西南航空公司則是將搭機視為開車的另類選擇，以開車的費用提供搭機的速度，創造出短程航空旅行的藍海。同樣地，直覺公司（Intuit）把個人理財軟體當成鉛筆的另類選擇，並發展出能夠靠直覺操作而有趣的理財軟體「快捷」

（Quicken）。三十年後的今天，直覺公司雖然已經在線上金融服務與應用軟體方面創造出新的藍海，「快捷」仍然是個人理財軟體的銷售冠軍。

你的產業有哪些另類選擇？顧客對這些選擇進行取捨的原因何在？只要全心加強顧客據以對各種另類行業做選擇的重要因素，並消去或減少其他變數，你也可以創造出新的市場空間並開發藍海。

途徑二：探討策略群組

正如探討另類行業往往能開發出藍海，探討產業中的各種策略群組（strategic group）也能產生同樣效果。所謂的策略群組，是指在產業中採行相同策略的公司。在大多數產業中，業者採行策略的基本差異，都可從幾個策略群組看出來。

策略群組通常可根據兩種層面粗略劃分等級：價格和績效。價格每提高一級，某些層面的績效也往往相對提高。大多數公司注重的是，在同一策略群組中

強化競爭定位；例如，賓士、寶馬（BMW）和捷豹（Jaguar）都聚焦於如何在高級汽車市場勝出，而小型車廠商則在自己的策略群組內想辦法超越其他對手。然而，這兩個策略群組都不甚關注彼此的作為，因為從供應面來看，它們似乎沒有相互競爭。

想要跨越現有策略群組並開發藍海，關鍵在於擺脫這種狹隘的眼光，深入探討顧客打算「講究」還是「將就」，並據此選擇某個策略群組的原因。

案例：屬於女性的曲線

這裡以曲線公司（Curves）為例。這家總部設在德州的女子健身中心，自1995年開放加盟，十年之內，旗下就已招攬超過兩百萬名會員。更重要的是，這種成長幾乎全部來自口耳相傳和朋友引介。但是，曲線公司當初成立時，似乎是進入一個過度飽和的市場，顧客對它提供的服務興趣缺缺，而且和同行對手相比也平平無奇。儘管如此，曲線公司卻使美國健身業需求暴增，開啟一個尚待發掘的龐大市場、一個名副其實的女性藍海 —— 想靠著健身運動維持體態，卻老是半途而廢的婦女。美國健身業主要包括兩個策略

群組：傳統健身中心和家庭運動計畫。曲線公司致力強化這兩個群組個別的決定性優勢，消去和減少其他因素，打出一片天下。

傳統策略群組代表兩個極端。一頭是充斥美國健身業的傳統健身中心。它們男女兼收，有各類健身和運動可供選擇，位於市區高級地段，用時髦的設施吸引高級健身中心會員，提供各種有氧運動和加強體能訓練機器、果汁吧、健身教練，以及附有淋浴設備和三溫暖的全套更衣室，因為傳統健身中心希望顧客除了來運動，也把健身中心當成社交場所。這些顧客風塵僕僕趕到健身中心後，起碼會待上一個鐘頭，甚至消磨兩個鐘頭。當時月費大多在一百美元左右，不太便宜，讓市場限定為高級而小眾。傳統健身中心的顧客只占整體人口的12%，絕大多數集中在大都會區。提供全套服務的傳統健身中心，根據所在市區的位置，投資成本少則五十萬美元，多則超過一百萬美元。

另一個策略群組是由運動錄影帶和書刊雜誌形成的家庭運動計畫。這些產品費用低廉，在家就可以進行，多半不需要運動器材。它們提供的訓練指導很少，只有錄影帶裡的明星或刊物上的說明和圖解。

> 所謂策略群組，是指在產業中採行相同策略的公司；通常根據「價格」和「績效」劃分。

　　問題是，在傳統健身中心和家庭運動計畫之間，女性是根據什麼因素決定她要「講究」還是「將就」？少有女性會為了特殊運動器材、果汁吧、三溫暖更衣室、游泳池，以及結識異性的機會，特地選擇健身中心。一般沒有運動習慣的女性，根本不希望讓異性看到她們穿著緊身褲，露出身上贅肉，氣喘如牛的費勁操練。她們也不喜歡為了使用器材排隊等待，調整這些機器的重量和角度。此外，現代婦女愈來愈忙碌，時間愈來愈寶貴，很少人能夠每周撥出幾天，到健身中心耗上一、兩個鐘頭。對於大多數女性，健身中心設在交通繁忙的市中心，也讓她們頭痛，上健身中心這回事成了壓力而令人望而卻步。

　　講求上健身中心運動的多數婦女，主要是為了一個理由：待在家裡太容易找到偷懶的藉口。原來就不喜歡運動的人，在自己家裡很難維持定時運動。與別人一起運動，比較容易維持動機並互相鼓勵。在另一方面，採用家庭運動計畫的人，主要是為了省時省錢和保持隱私。

　　曲線公司抓住這兩個策略群組的獨特優勢，消去並減少其他因素，建立它的藍海策略（參考圖表

3-2）。它消去少有女性感興趣的傳統健身條件，包括種類繁多的特殊器材、飲食服務、三溫暖、游泳池，甚至取消更衣室，代之以布幔圍起來的更衣區。

曲線健身中心提供的使用經驗，迥異於典型健身中心。曲線健身中心的機器（通常大約十種）不像一般健身中心是面對電視機排成一列，而是圍成一圈，方便會員彼此交換使用，做起運動來更有趣。這種快速健身（QuickFit）圓形訓練系統，使用液壓運動器材，不需調整，安全，簡單好用，不再令人望而生畏。這些機器完全針對女性設計，減少衝擊力，但能強化肌力及重量訓練。運動時，會員可以彼此聊天打氣。這種不必相互打量比較的社交氣氛，與典型健身中心完全不同。健身房的牆上少有鏡子，也沒有男性在一旁行注目禮。會員利用排成圓形的運動器材和有氧踏步機依序操練，三十分鐘就可以完成整套運動。由於曲線公司專注基本服務，減少其他噱頭，因此月費可以降到三十美元左右，讓無數女性都能夠進入這個市場。曲線公司大可推出這種口號：每天少買一杯咖啡並運動得宜，就能獲得寶貴健康。

曲線公司用更低的價格，提供圖表3-2呈現的獨

曲線健身中心的策略草圖

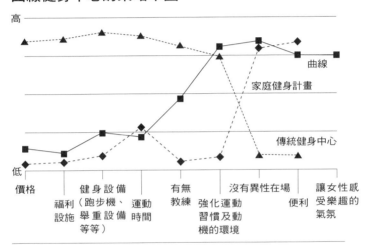

高

曲線

家庭健身計畫

傳統健身中心

低

| 價格 | 福利設施 | 健身設備（跑步機、舉重設備等等） | 運動時間 | 有無教練 | 強化運動習慣及動機的環境 | 沒有異性在場 | 便利 | 讓女性感受樂趣的氣氛 |

特價值。設立傳統健身中心一開始就得投資五十萬至
一百萬美元，可是曲線公司消去了許多非必要因素，
因此設立曲線健身中心只要投資二萬五千至三萬美
元（不包括特許費二萬美元）。此外，曲線健身房只需
一千五百平方呎空間，而且選擇郊區非黃金地段，不
像位於市區黃金地段的典型健身中心，往往占地三萬
五千至十萬平方呎。由於需要的空間小得多，各種變動
成本也大為降低，人事費、維持費、租金都大為減少。

曲線公司的低成本經營模式，使它的特許費非常便宜，也難怪連鎖店迅速發展。大多數連鎖店開張幾個月內，平均可招收到一百名會員並開始獲利。

就詰論來說，曲線公司並沒有跟其他健身及運動概念產業直接競爭，而是創造了新的需求。在二十年後的今天，它在全世界擁有近萬個健身俱樂部，旗下有四百多萬名會員[4]。即使並不是一直都很順遂，但它仍是現今世界上規模最大的女性健身加盟企業。

除了曲線公司之外，許多企業也藉著探討不同的策略群組，開發藍海。羅夫‧羅蘭（Ralph Lauren）開發的藍海是「超越流行的高級時尚」。它利用設計師品牌、典雅的店面、高級材質，呈現大多數高級時裝顧客重視的價值。同時，它用切合時宜的經典風格和價位，提供布魯克斯兄弟（Brooks Brothers）和巴巴利（Burberry）等美式和英式傳統名牌的精華特質。結合這兩個群組最誘人的因素，消除並減少其他因素，羅夫‧羅蘭不僅搶走這兩個群組的生意，也吸引許多新顧客進入這個市場。在高級車市場，豐田的凌志車系（Lexus）以接近卡迪拉克和林肯轎車的價格，提供如高級車賓士、寶馬和捷豹等更上一層樓的品質，因此

創造出新的藍海。

總部設在密西根州的冠軍企業（Champion Enterprises），藉著探討房屋建築業的兩個策略群組（組合屋和工地建商），發掘類似機會。組合屋價格低廉，施工迅捷，可是型式大同小異，而且予人品質粗糙的感受。工地建商建造的房子造型千變萬化，呈現高品質形象，可是成本昂貴得多，施工也更費時。

冠軍企業結合這兩個策略群組的決定性優勢，創造出藍海。它的組合屋建造迅速，又因大量生產，成本低廉，然而顧客還是可以選擇壁爐、天窗，甚至天花板挑高等時髦風格，讓「家」有了個人特色。冠軍企業改變了組合屋的定義。因此，愈來愈多的中低所得者寧願買間組合屋，不再租或購買公寓，甚至連有錢人也怦然心動，進入這個市場。但2008年金融危機時，它的藍海策略首次受到挑戰，帶給冠軍企業及整個美國房地產相當沈重的打擊。

你的產業有哪些策略群組？顧客決定他要「講究」還是「將就」的因素是什麼？

途徑三：破解顧客鏈

大多數產業裡的競爭者，其爭取鎖定的目標顧客通常有個相同的定義。然而實際上，間接或直接牽涉到購買決策的，往往是一條顧客鏈。花錢購買產品或服務的「採購者」（purchaser），與實際的「使用者」（user）可能不是同一個人。有時還有重要的「影響者」（influencer）。這三個群組可能互相重疊，也可能不盡相同。這三者重疊的時候，經常對價值有不同的定義。例如，企業採購代理可能比較注重產品的價格，而企業使用者卻更注重產品好不好用。同樣的，零售商可能很看重製造商及時補貨和創新融資（innovative financing），可是同樣受到通路影響的一般消費者，反倒不會如此在意這些事情。

產業裡面的個別公司，經常鎖定不同的顧客區隔（customer segment），例如大主顧或小主顧。但是，單

一產業往往聚焦於單一買方。例如，製藥界全力爭取影響者（醫生），辦公室設備業積極拉攏採購者（公司採購部門），成衣業努力吸引使用者。有時候，這種聚焦隱含了堅強的經濟理由，然而通常僅只是沿襲產業實務，從來沒有人加以質疑。

反省產業鎖定顧客群組的傳統思維，很可能發掘出新的藍海。藉著探討不同的顧客群組，企業往往能獲得新的啟發，知道如何重行設計價值曲線，開發出過去一直受到忽視的新顧客群。

案例：筆針貼合糖尿病患的需求

製造胰島素的丹麥諾和諾德（Novo Nordisk）公司，就是在本行開創出藍海。糖尿病患必須用胰島素調節血液中的血糖含量。就像製藥業大多數部門一樣，胰島素廠商向來致力爭取這一行最重要的影響者：醫生。醫生對糖尿病患購買胰島素的決定，具有一言九鼎的分量，使他們成為業者鎖定的顧客群。因此，業者全心全意地製造更純淨的胰島素，以滿足醫生對尋求更好的藥物的需求。問題在於到1980年代初，純化科技的創新已有重大進展。只要胰島素的純

度一直是藥廠互相競爭的主要標準，就可以繼續往這個方向做一些小小的改進。諾和諾德已製造出第一種「人工合成」（human monocomponent）胰島素，其化學結構與人體自然製造的胰島素一模一樣。這一行主要廠商的競爭正迅速匯集形成。

但是，諾和諾德看出，它只要把本行長久以來專注於爭取醫生認同的做法，轉移到吸引使用者，也就是直接爭取病患，就可以擺脫競爭，創造藍海。在研究如何吸引病患的過程中，諾和諾德發現糖尿病患拿到的胰島素向來是小瓶裝，使用非常不便。病人必須同時對付注射筒、針頭和胰島素，並根據自己的需要使用適當劑量，整個程序既複雜又討厭。社會大眾覺得針頭和注射筒看來令人不舒服，也使病人感到不快。他們不希望外出時還要用注射筒和針頭，但許多病患每天必須多次注射胰島素，這種情形免不了。

這個發現促使諾和諾德藉由諾和胰島素筆針（NovoPen），掌握創造藍海的契機。這種胰島素筆針是第一種使用簡便的胰島素注射器，整個設計就是要消除使用胰島素的麻煩和難堪。諾和筆針外型類似鋼筆，裡面有個裝胰島素的藥匣。一支注射筆針可以供

應大約一星期所需的藥量，而且附有會卡嗒出聲的計
量裝置，連失明病患都可以控制劑量，自己注射胰島
素。病患可以隨身攜帶筆針，隨時輕鬆地補充藥劑，
而又不會有使用注射筒和針頭的難堪麻煩。

　　為了掌握筆針開啟的藍海，諾和諾德再接再厲，
推出胰島素定量注射劑NovoLet。這種預先裝滿藥劑，
用後即丟的胰島素注射筆針，劑量系統使用更為簡
便。之後又推出Innovo，一種統合電子記憶功能和藥
匣的注射系統。Innovo附有記憶裝置，可以為患者管
理胰島素的施用，並展示最新注射劑量、上次劑量和
中間間隔時間。這些資料對減少風險至為重要，也不
必擔心錯過用藥。

　　諾和諾德的藍海策略，使這一行完全改觀，也
把該公司從胰島素生產商變成糖尿病照護企業。諾和
胰島素筆針和後來那些注射系統，迅速席捲胰島素市
場。預先裝滿藥劑的胰島素注射器或筆針，銷售量已
稱霸歐洲、亞洲和斯堪的納維亞，因為這些地方的醫
療業者敦促病患每天經常注射胰島素。今天，公司採
取藍海策略後已過了近三十年，諾和諾德在糖尿病治
療方面依然處於領導地位，而其將近七成的銷售額皆

來自這項新產品。這都是拜公司從使用者角度出發，而非醫界權威所賜。

彭博企業（Bloomberg）也是如此，而且不過短短十年，就躋身全球規模最大、最賺錢的商業資訊供應業者。彭博公司在1980年代初創立之前，路透和德勵財經資訊網路（Telerate）是網路金融資訊業兩大霸主，對經紀商和投資界提供及時新聞和報價。這一行鎖定的顧客群是採購者，也就是金融機構的資訊經理。他們很重視標準化系統，因為這種系統讓他們日子比較好過。

彭博覺得這不合理。每天幫老闆賺進或虧掉幾百萬美元的是交易員和分析師，而不是資訊經理。這一行是利用資訊方面的出入來賺錢。市況繁忙的時候，交易員和分析師必須瞬間做出決定，分秒必爭。

因此，彭博設計出一套對交易員更有用的系統，配合使用簡便的終端機，以及標示熟悉金融術語的鍵盤。這套系統附有兩個平面監看器，讓交易員能夠同時看到他們需要的一切資料，不必開關好幾個視窗。由於交易員必須先分析資料，才能採取行動，彭博為這套系統加入內建式分析功能，只要按一個鍵就可以

啟動。交易員和分析師以前必須下載資料，用鉛筆和
計算機做重要的金融計算。此後，他們只要啟動「假
設」情境，馬上就可以計算出各種不同投資的報酬
率，也能夠對歷史資料做縱向分析。

藉著探討使用者的需求，彭博也發現交易員和分
析師私人生活存在的矛盾現象。他們收入非常高，可
是工作時間極長，根本沒有時間花錢。彭博知道市場
每天都有一些時間交易清淡，因此決定提供一些資訊
和採購服務，以豐富交易員的私人生活。遠在網路開
始提供這些服務之前，交易員便可利用這些服務，購
買鮮花、服飾、珠寶等，安排旅遊活動，獲得有關美
酒的資訊，或是搜尋上市求售的房地產資料。

藉著把焦點從採購者往上追溯到使用者，彭博創
造出與這一行傳統做法截然不同的價值曲線。交易員
和分析師利用他們在公司裡面的勢力，迫使資訊經理
購買彭博的終端機。

佳能公司（Canon）把影印機業鎖定的顧客群，從
公司採購者轉移到使用者，創造出小巧的桌上型影印
機業務。思愛普（SAP）把商業應用軟體業鎖定的顧
客群，從功能使用者轉移到公司採購者，創造出極為

成功的及時統合軟體業務。

你那一行的顧客鏈是什麼樣子？這個產業通常鎖定哪一個顧客群組？如果轉變產業的顧客群，可以用什麼方式開啟新的價值[5]？

途徑四：互補產品與服務

產品和服務鮮少是與處於真空環境與世隔絕；它們的價值往往受到其他產品和服務影響。但是，在大多數產業，競爭都集中在本行產品和服務的範圍內。就以電影院為例，找保母看小孩加上停車的費用與便利性，都會影響一般對看電影的價值認知。但是，這些補充服務（complementary service）卻超出了戲院業的傳統疆界。電影院老闆極少想到顧客要找臨時保母有多困難，或要花多少錢。他們實在應該設身處地為顧客著想，因為這絕對影響他們的生意需求。試想電影院如附設托兒服務，會出現何種情況？

互補產品和服務經常隱藏著尚待開發的價值，而

箇中關鍵在於買方選擇某種產品或服務所期待的整體解決方案（total solution）應如何界定。要做到這點，有個簡單的辦法，<u>那就是思考顧客在使用你的產品之前、之時、之後，經歷過哪些程序。</u>顧客在進入電影院之前，必須先安排保母、把車停好。電腦硬體需要操作軟體和應用軟體配合才能使用。<u>在航空業，旅客下機後需要地面交通工具，這顯然也是顧客往來所需。</u>

案例：公車設計有訣竅

讓我們看看NABI，這是一間最近被New Flyer併購的匈牙利巴士公司。他們將途徑四應用在年營業額十億美元的美國客運巴士業。這一行的主要顧客是公共運輸單位（public transport properties, PTPs），以及在主要城市或郡縣提供固定路線公車服務的市營交通公司。

這一行慣用的競爭法則是，巴士業者競相提供最低售價。由於業者拚命省錢，產品設計過時、交車時間延誤、品質低落、各種額外配備的花費高得嚇人。但是，NABI認為這一切根本不合理。市營公司使用的巴士平均要服務十二年，業者怎麼能只關心一開始購

買巴士的價格？NABI用這種角度切入市場，體認到整個產業未能發覺的事實。

NABI發現公營巴士花費最大的不是巴士本身的價格，雖然這是整個巴士製造業競爭的焦點。買進巴士以後的平均十二年使用期，為了讓巴士保持運作所需的花費更大。發生事故後的修理、燃料費、由於巴士的重量經常需要更換的組件損耗、車身防鏽處理等等，這些才是公營巴士最大的成本開支事項。新的清潔空氣法規，也使市政府開始感受不合乎環保的公共交通工具造成的成本。但是，儘管這些開支遠超過巴士買價，業者卻完全漠視巴士的維修保養等輔助活動，以及巴士整個使用週期的成本。

NABI體會到客運巴士工業其實不必成為由商品價格推動的行業，可是巴士廠商一心用最低價格銷售巴士，把這一行變成這個樣子。藉著探討輔助活動的整體解決辦法，NABI創造出一種這個產業從來沒有見過的巴士。巴士通常是用鋼鐵製造，既笨重、容易生鏽，發生事故後又不容易修理，因為板金必須整塊換掉。NABI用玻璃纖維製造巴士，收到一石五鳥的效果。用玻璃纖維製造的車身不會生鏽，使防鏽保養費

用大減。車身修理起來更快、更便宜，也更容易，因
為玻璃纖維不需因出現傷痕或事故而整塊更換，只要
把受損的部分切掉，焊上新的玻璃纖維材料即可。同
時，玻璃纖維重量很輕（比鋼鐵輕了30%至35%），
使燃料效益大為提高，廢氣則大為減少，更合乎環保
需求。此外，由於重量減輕，NABI不僅可以使用動力
較低的引擎，也可以減少車軸，製造成本隨之降低，
巴士裡面的空間也更寬敞。

NABI用這種方式，創造出與本行一般價值曲線
截然不同的曲線。正如圖表3-3所示，藉著用重量較輕
的玻璃纖維製造巴士，NABI消除或大肆減少與防鏽處
理、維修和燃料有關的成本。因此，雖然NABI的產品
定價高於本行平均價格，可是它的產品整個使用週期
耗費的成本卻低得多。由於排放的廢氣大減，NABI巴
士的環保標準遠高於同業水平。此外，NABI的產品定
價較高，使它能夠創造本行前所未見的一些因素，例
如合乎現代美感的造型，以及針對顧客提供的貼心設
計，包括車身底盤較低，便利乘客上下車，以及座位
增加，減少站立搭乘的人數。這些新設計提高了客運
巴士的服務需求，為市政府帶來更多營收。NABI改變

了市政府對巴士服務的營收和成本的看法，並藉著降低整個使用週期的成本，為顧客（包括市政府和終端使用者）創造額外價值。

市政府和乘客都很喜愛NABI的新巴士，當巴士換新後，乘坐率增加了三成之多[6]。

同樣的情形也出現在英國茶壺業。雖然茶壺在英國文化占有重要地位，可是銷售平平，獲利不斷縮減。直到飛利浦電子（Philips Electronics）推出一種茶壺，才化紅海為藍海。飛利浦藉著思考互補產品和服務，發現英國人泡茶最大的問題不在茶壺本身，而在於茶壺的互補產品——必須用茶壺煮開的「水」。自來水中有水垢，煮開後會沉澱在茶壺裡，泡茶時又跑到茶水中。冷靜自持的英國人總是不動聲色拿起茶匙，仔細撇掉礙眼的水垢，然後才喝茶。但是，茶壺業者從來不考慮水質問題；那是自來水公司的責任。

飛利浦公司從顧客的整體解決方案中，最惱人的痛點（pain point）來思考，並發現水質問題暗藏玄機。結果飛利浦創造出一種壺嘴附有過濾器的水壺，倒開水時，能徹底濾掉水垢。從此以後英國人在家裡泡茶，不會再看到水垢在茶湯裡載浮載沉。民眾紛紛

2001 年左右的美國市政府巴士業策略草圖

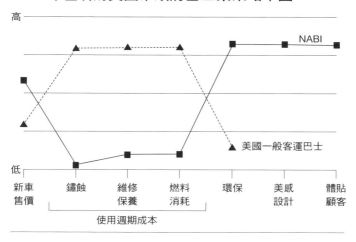

高

低

| 新車
售價 | 鏽蝕 | 維修
保養 | 燃料
消耗 | 環保 | 美感
設計 | 體貼
顧客 |

NABI

美國一般客運巴士

使用週期成本

用附有濾嘴的水壺換掉家裡的舊壺，使這個沉寂已久的行業重現生氣，業務又強勁成長。

企業遵循這種途徑創造出藍海的例子多不勝數。只要想想戴森公司（Dyson）的例子就知道了。他們設計出不需要購買及更換集塵袋的吸塵器，為消費者省下了費用及麻煩。戴森公司於2002年進軍美國吸塵器市場，當時美國吸塵器市場的消費總額約有

四十億美元。而市場領頭羊，包括Hoover、伊萊克斯（Electolux）、Oreck僅能靠銷售基本款吸塵器賺取微薄的利潤。當時吸塵器的價格大約是七十五到一百二十五美元。光是靠不需要集塵袋這項技術，讓消費者永遠省下購買的費用及麻煩，戴森公司在市場上一下就大幅領先，不僅擴大了產業需求，甚至還能以將近市場平均三倍的價格來銷售自家的吸塵器。

你的產品或服務的整個使用流程如何？在使用之前、使用過程、使用過後有哪些情況？你能否指出痛點所在？如何經由互補產品或服務消除這些麻煩？

途徑五：理性訴求 vs 感性訴求

產業中的競爭，通常不僅聚焦在一般認定的產品和服務範圍，也經常圍繞著兩種可能的訴求基礎打轉。有的行業主要根據產品的效益，以價格和功能競爭；這種訴求是理性的。其他行業主要是跟著感覺走；這種訴求是感性的。

但是，大多數產品或服務的吸引力，很少天生就屬於理性或感性。相反的，這通常是企業長久以來的競爭方式造成的，使業者不自覺地教育消費者產生某種期待。公司的作法會以循環加強方式，影響顧客的期待心理。長期下來，功能定位的行業愈來愈功能中心，感性定位的行業也更加趨近於感性訴求；難怪市場研究已難對吸引顧客的因素找出什麼新意。產業已訓練顧客期望哪些東西。顧客接受調查時，自然成為應聲蟲：選擇多一點，價格低一點。

企業只要願意檢討產業中既有的功能或感性定位，往往可以開發出新的市場空間。我們觀察到兩種模式較為常見。感性定位的行業經常提供許多額外噱頭，不必強化功能也可以拉高產品售價。拿掉這些噱頭可能創造另一種更簡單、便宜、低成本的經營模式，並受到顧客喜愛。相對的，功能定位的產業如果將產品的感性因素增加，往往能夠為原有商品注入新生，刺激出新的需求。這方面有兩個著名例子，一是Swatch，另一個是美體小舖（Body Shop）。Swatch把講究功能的平價錶，扭轉為感性導向的時尚宣言。美體小舖則反其道而行，將感性導向的化妝品業，變成

講究功能的務實美妝企業。

案例：沒有洗頭服務的髮廊

再來看QB之家（Quick Beauty House）的經驗。
QB之家在日本美髮業開拓藍海，並在亞洲各地迅速擴
展業務。1996年在東京創立時，QB之家只有一家店
面，2003年已超過二百家。1996年上門的顧客有五萬
七千人，2002年增加到三百五十萬人。如今QB之家
在日本有四百六十三家加盟店，在香港、新加坡、台
灣等地也有七十九家。

QB之家的藍海策略核心，就是把亞洲美髮業從感
性定位轉移到高度功能導向。在日本，男士理髮大約
需要一個小時。原因何在？因為一長串美髮程序，將
剪頭髮變成一種儀式 —— 熱敷毛巾一條接著一條、肩
膀按摩推拿、熱茶和咖啡一邊奉上；而設計師也有一
套儀式作業，包括髮質和肌膚的特別護理，例如吹整
和修面。結果顧客待在店裡的時間，只有極少部分是
花在剪髮。這套繁複作業也使顧客大排長龍，而理一
個頭得花三千至五千日圓。

QB之家完全顛覆傳統做法。它知道有很多人不願

意花一個鐘頭理頭髮，工作忙碌的專業人士更沒有這種閒情逸致。因此QB取消感性訴求的服務，例如熱毛巾、按摩服務、飲料提供；另外還大幅減少特別的護髮程序，專注於最基本的剪髮作業。更進一步的是，QB取消耗費時間的傳統洗髮和吹整，另外創造出「空氣式淨髮」（air wash）。設計師剪完頭髮，只要把一支懸在上方的管子拉下來，就可以像吸塵器一樣，把髮屑吸得乾乾淨淨。這套新系統運作又快又好，顧客連頭髮都不必打濕。這些改變把剪頭髮的時間從一小時縮減為十分鐘。此外，每家美髮店外面還有個交通號誌，顯示店裡是否還有空位。這種做法消除預約的必要，顧客也不必猜測還要等多久。

　　QB之家利用這種方式，把剪髮價格減至一千日圓，遠低於這一行平均三千至五千日圓的收費標準。同時，它每個設計師需要的工作空間較小，每個人每小時的營收卻提高將近五成，人事費用大為降低。QB之家創造出這種「務實」美髮服務，並提高衛生水準。它不僅為每一張椅子提供一套清潔設備，也採用「一次使用」政策，為每位顧客提供一套新毛巾和梳子。圖表3-4有助於了解QB的藍海策略。

案例：打造你的夢想家

全球第三大水泥廠商Cemex公司，是另一個扭轉產業定位並創造出藍海的企業，只不過Cemex是反過來將功能訴求轉移到感性訴求。在墨西哥銷售的水泥，有85%以上是袋裝零售，賣給自己動手裝修的一般民眾[7]。但是，這種市場毫不引人，不買水泥的人遠多於買水泥的顧客。儘管墨西哥的貧困家庭多半是自

圖表3-4

QB之家的策略草圖

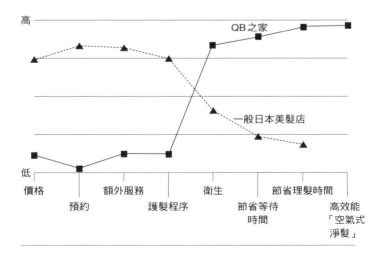

有地主，而水泥又是價格低廉而且功能明確的建材，可是墨西哥人習於擁擠的居住環境。少有家庭加蓋房子，即使有人大興土木，加蓋一個房間平均也得花四到七年。原因何在？因為大部分家庭把多餘的錢，花在村莊慶典、女孩的十五歲生日派對、受洗和婚禮。對這些重要節日一擲千金可以在鄰里間揚眉吐氣，在這上頭儉省會被視為自大失禮。

因此，雖然擁有一間水泥屋子是許多人的夢想，墨西哥大部分貧民卻沒有足夠和穩定的積蓄購買建材。Cemex 保守估計，如果能夠開發這種潛在需求，市場可能成長到一年營業額五至六億美元[8]。

Cemex 針對這種困境，推出「當下傳承」（Patrimonio Hoy，意即：蓋間房子留給子孫，就趁現在）計畫，把原本定位為功能性產品的水泥搖身一變，成為夢想的禮物。顧客購買水泥，等於打造愛的房間，共享歡笑和幸福。還有什麼比這個更好的禮物？當下傳承計畫的基礎，在於墨西哥傳統的社區儲蓄制度「起會」（tanda）。如果有十個人參加一個會，連續十個星期，每人每個星期得出一筆錢（例如一百匹索）。大家在成會第一個星期抽籤，決定未來十週

每個星期由誰標到一千匹索（九十三美元）會錢。每個成員只能標到一次一千匹索，不過他們可以一口氣拿到一大筆錢，足以大肆揮霍一番。

傳統起會時，得標的家庭往往把會錢花在重要節慶或宗教活動，像是受洗或婚禮。但是，當下傳承計畫是將標到的會錢移作房屋加蓋的水泥費用。這可視為一種結婚禮物登記制度，只不過送的不是銀器。Cemex 把水泥定位成愛的禮物。

Cemex 成立的當下傳承建材互助會，約由七十人組成。他們每個星期平均各出一百二十匹索，持續七十個星期。但是，每個星期標到會錢的人，拿到的不是整筆現金，而是可以用來蓋新房屋的等值建材。Cemex 負責將水泥送貨到府，還會傳授如何成功蓋房子的施工課程，工程期間，還有技術顧問與他們保持連絡。看看成果：傳承建材互助會的參與者能以比墨西哥平均快三倍的速度及更低的價格建造他們的房子。

Cemex 的競爭同業光是賣水泥，Cemex 銷售的是夢想，並以創意融資方式和施工訣竅設計出一套經營模式。更屬害的是，Cemex 在新房間完工後，會在當地城鎮舉辦慶祝小派對，藉此強化以加強民眾獲得的

幸福感受及標會的傳統。

Cemex調整水泥的感性定位，並配合獨特融資方式和技術支援之後，產品需求急遽增加。到2012年為止，傳承建材互助會計畫已經讓一千九百萬人與三十八萬個家庭受惠。在過去十五年間，透過傳承建材互助會，Cemex致力於解決公設落後地區的住屋短缺問題。由於能準確預測計畫中售出的水泥量，Cemex得以透過降低存貨費用、改善生產流程以及保證銷售通路等減少資本費用的模式來降低整體成本。而來自於社會的壓力也讓他們幾乎沒有拖欠會款的情形。從整體來看，Cemex以水泥的感性定位開創了藍海，得以不用投入太多的成本就能表現出自家公司的獨特性。這項計畫為他們贏得多項大獎，包括聯合國2006年世界傑出產業獎，以表揚他們在聯合國千禧年發展目標上的貢獻，以及2009年聯合國人居獎居住正義部門的最佳執行獎。

同樣的，輝瑞（Pfizer）藥廠推出的威而剛（Viagra）風行全球，把業務焦點從醫療轉移到改善生活方式。星巴克則徹底重建咖啡業，把這焦點從商品銷售，變成販賣氣氛，讓顧客在其中享受咖啡的香醇。

　　一些服務業正創造出各種藍海，只不過它們的做法正好相反，從感性訴求轉移到功能訴求。保險、銀行和投資等講究人際關係的業務，向來非常仰賴經紀人與客戶的交情。這種情況已到了需要改變的時候。英國直線保險公司（Direct Line）即取消了傳統經紀人。它認為只要公司能夠提供更好的服務，例如迅速理賠和免除複雜的文件作業，顧客實在不需要傳統經紀人提供的握手和感情撫慰。因此，直線公司取消經紀人和地區辦事處，利用資訊科技改善理賠作業，並降低保費，與顧客分享部分省下的成本。自公司開業二十多年以來，直線保險公司的藍海策略為他們贏得許多客戶及獎項，且被公認為英國服務最好、最值得信賴且最具創新力的車險品牌。在美國，提供股市指數基金的先鋒集團（Vanguard Group），以及提供股票交易經紀服務的嘉信理財（Charles Schwab），都在投資業採取同樣做法，把講求私人關係的感性定位業務，變成高績效、低成本的功能性業務，藉此創造出藍海。

你的產業競爭是依據功能訴求還是感性訴求？如果是根據感性訴求，你可以消除哪些因素，使它走向功能定位？如果你是根據功能一較高下，你還能增加哪些因素，將它推向感性定位？

途徑六：看見未來趨勢

所有產業都會面臨外部趨勢變遷而影響經營。就以網際網路迅速崛起，以及全球環保運動為例。以正面角度看待趨勢，有助於掌握藍海契機。

大多數公司只會隨著現實情況演變，漸進而被動地設法因應。不論是新科技登場，或是管制法規出現重大改變，經理人通常只顧猜測有關趨勢本身的發展。換言之，他們只想知道科技的演變方向、如何加以採用、能不能衡量其規模。他們專注於追蹤當前趨勢的發展步調，據以調整自己的做法。

但是，僅只推估趨勢本身的發展，很難掌握藍海策略的關鍵奧妙。相反的，要獲得這種了解，必須探討這些趨勢將如何改變對顧客的價值，以及對公司經

營模式可能造成的衝擊。藉著探討本行的長期發展趨勢，從了解市場現在提供的價值，一直到它日後可能提供的價值，經理人可以積極塑造公司的未來，並掌握新的藍海。探討長期發展趨勢，可能比前面討論的做法困難，但可用同樣嚴謹的方式來進行。

在評估長期發展趨勢時，有三個原則至為重要。不論任何時候，都能夠看到許多趨勢，例如科技出現中斷、新的生活方式興起、社會環境或管制法規改變。但是，通常只有一、兩種趨勢會對任何特定行業造成決定性衝擊。一旦看出這種趨勢，接下來可以思索本行的長期發展情況，並推敲如果這個趨勢順其自然發展下去，市場會變成什麼樣子。從這種觀點來擬定藍海策略，就可以領會現在必須做哪些改變，以開啟新的藍海。

案例：iPod 把音樂還給聽的人

例如，蘋果電腦公司觀察到 1990 年代末開始，非法分享音樂檔案蔚為風潮。Napster、Kazaa 和 LimeWire 等分享音樂檔案的程式，在熟諳網際網路的音樂迷之間，形成一個非法免費分享音樂的全球網。

> 我們談的不是預測未來，因為未來是不可能預知的。相反的，我們是指從當前觀察到的趨勢發掘商業契機。

到2003年，每個月非法交換的音樂檔案已超過二十億件。唱片業想盡辦法防止光碟銷售受到蠶食鯨吞，可是數位音樂非法下載之勢仍有增無減。

　由於網路科技使任何人都可以免費數位下載音樂，省下當時每張平均十九美元的購買光碟費用，因此邁向數位音樂之勢非常明確。蘋果電腦的iPod等播放數位音樂的袖珍MP3機器風行，更加反映這種趨勢。蘋果公司根據這種軌跡明確的決定性趨勢，在2003年推出iTunes網路音樂商店。

　iTunes與BMG、EMI集團、新力、環球唱片集團、華納等五大唱片公司達成協議，提供使用簡便而又富有彈性的下載服務，讓消費者能夠根據喜好合法下載歌曲。iTunes讓顧客任意瀏覽二十萬首歌曲，而且每首歌可以試聽三十秒鐘，下載一首歌只要美金九十九分，也可以用美金九‧九九元下載整張唱片。藉著讓消費者購買個別歌曲，並採取更合理的策略定價，iTunes破除了顧客感到厭煩的重要因素：雖然他們只喜歡裡面的一、兩首歌，還是必須購買整張唱片。

　iTunes在其他方面也超越免費下載服務，包括提供高級音質，以及可以憑直覺操作、搜尋和瀏覽的功

能。要非法下載音樂，必須先搜尋歌曲、唱片或音樂家。要尋找整張唱片，必須知道上面每一首歌的曲名和排列次序，而且很少能在同一個地方下載一張完整的唱片。這些歌曲音質多半很差，因為大多數人為了節省空間，使用低位元速率燒錄光碟。此外，網路上找得到的音樂，大部分反映十六歲左右年輕人的喜好，因此雖然理論上網路上擁有數十億首歌曲，實際範圍卻很有限。

相形之下，蘋果提供的搜尋和瀏覽功能，被視為這方面的佼佼者。同時，iTunes的音樂編輯擁有一些在傳統音樂商店才見得到的特別功能，包括一些iTunes的基本功能，像是最佳樂團或最佳情歌、員工最愛音樂、名人曲目清單、以及告示板排行榜。iTunes也提供最好的音質，因為它用所謂的AAC編碼規則編錄音樂，音質遠遠勝過最高速率燒錄的MP3。

iTunes一推出，顧客蜂湧而至，唱片公司和音樂家都成為贏家。根據與iTunes的合同，他們可以拿到數位下載歌曲的70%費用，使他們終於能夠從狂熱的數位下載風潮得到財務利益。當時蘋果電腦也進一步保護唱片公司，設計出一種不會讓已習慣自由自在的

數位音樂環境的顧客感到不便，又能夠滿足音樂界需求的版權保護法。iTunes音樂商店讓顧客最多可以把歌曲燒錄到iPod機器和光碟七次，滿足樂迷的需求之餘，又不會造成專業盜版問題。

今天，iTunes音樂商店提供的歌曲已經超過三千七百萬首，再加上電影、電視節目、書本與播客，平均每分鐘就有一萬五千首歌曲被用戶下載。據估計，iTunes在全世界數位音樂下載市場的市占率超過六成以上。蘋果電腦的iTunes在他們原本就已主導十幾年的數位音樂市場上，開啟了新的藍海，更讓原本的熱銷商品iPod更富吸引力。現在其他網路商店也開始聚焦在這塊市場上，蘋果電腦接下來的挑戰，就是把目光對準不斷演進的大眾市場，不能陷入只顧著衡量競爭對手、或只針對頂級顧客群的小眾市場進行推廣行銷的狹窄視野。

思科系統公司（Cisco Systems）也藉著思考本行的長期趨勢，創造出新市場空間。它看準一個富有決定性、無法扭轉，而且軌跡明確的趨勢：高速交換資料的需求日增。思科衡量全球現實，斷定資料交換速度太慢和網際網路互不相容，正妨礙這個世界的發

展。隨著網際網路用戶大約每一百天就增加一倍，資料交換需求也呈現爆炸性成長。思科看清問題只會愈來愈嚴重。它針對這種需求設計網路路由器、轉換器和其他網路裝置，為顧客提供突破性價值，在一個彼此搭配嚴謹的聯網環境，提供快速資料交換。因此，思科的眼光所創造的藍海不僅帶來價值上的創新，同時也促成科技發展。

　　還有其他許多公司藉著第六種途徑，創造出藍海。例如，CNN利用全球化浪潮興起，創造出第一種每天二十四小時即時播送的全球新聞網；HBO有線電視網根據女性日益都會化，在事業上愈來愈成功，同時又拚命想要尋找愛情和晚婚的趨勢，創造出轟動的「慾望城市」（Sex and the City）節目，開啟持續六年的藍海。這個至今仍在地方電視臺播放的節目，曾被《時代》票選為「史上最棒的一百個電視節目」之一。

> 要根據任何趨勢形成藍海策略，這些趨勢必須對你的行業具有決定性影響、無法扭轉、擁有明確發展軌跡。

有哪些趨勢很可能對你的行業造成衝擊、無法扭轉，而且正以明確軌跡演進？這些趨勢會如何衝擊你的行業？面對這種情勢，你可以用什麼方式為顧客開啟前所未有的用途？

構思新市場空間

藉著跨越傳統競爭疆界思考一個行業，你可以看出如何採取顛覆傳統作風的策略行動，重建既有市場邊界，並創造藍海。發掘和創造藍海的過程，並不在於預測企業發展趨勢或先發制人，也不是根據經理人的突發奇想或直覺，對匪夷所思的新構想進行盲目嘗試和發現錯誤。相反的，經理人必須用全新方式，按照一套結構程序，重建市場現實。經由重建跨越行業和市場邊界的現有市場因素，他們將能夠脫出紅海的硬碰硬競爭。圖表3-5概要呈現這六種途徑架構。

現在我們可以討論如何根據這六種途徑，建立策略次序。下面將探討重新架構你的策略計畫程序，聚焦願景，並應用這些構想擬定藍海策略。

圖表 3-5

從直接競爭到創造藍海

	直接競爭		創造藍海
產業	聚焦於產業內的競爭對手	→	探討另類產業
策略群組	聚焦於策略群組內的競爭定位	→	探討產業內的各種策略群組
顧客團體	聚焦於為顧客群加強服務	→	重新定義本行內的顧客群
產品或服務範圍	聚焦於把本行範圍內的產品和服務價值極大化	→	探討互補產品和服務
功能 vs. 感情定位	聚焦於改善本行功能與感情定位內的價格表現	→	重新思考本行的功能與感情定位
長期趨勢	聚焦於因應正出現的外在趨勢	→	參與塑造長期的外在趨勢

第4章

聚焦願景而非數字

策略計畫程序經常被批評為數字遊戲，
企業據此採取漸進式改良的傳統方式，
結果面臨計畫趕不上外部現實變遷的
計畫風險（planning risk）。
用策略草圖畫出價值曲線，
一眼就能看出你的藍海在哪裡。

　　你已經知道創造藍海的途徑。下一個問題是如何調整你的策略計畫程序，以專注於願景，並應用這些構想擬定公司的策略草圖，達到藍海策略。這個挑戰非同小可。我們的研究顯示，大部分企業的策略計畫程序，往往將自己侷限在現有市場空間內競爭，因此深陷於紅色海洋難以自拔。

　　不妨看看典型的策略計畫。一開場多半是長篇大論的企業現況和競爭情勢，接著舖陳增加市占率、掌握新市場區隔或削減成本的論點，繼而概述各種目標和方案。這些計畫往往會附上全套預算，以及形形色色的圖表和試算表。整個程序的重點通常是準備一大堆文件，彙整的是組織裡面目標互相衝突，又缺乏溝通的各部門所提供的雜亂資料。在這過程中，經理人用來思考策略的時間，其實大都花在填表格和算算數，反而忽略了思索外部現實，並對如何擺脫競爭發展出一套清晰腹案。要是你想光看這企業放在幾張幻燈片上的策略計畫說明，往往得到不清不楚也無法令人信服的策略。

　　也難怪少有策略計畫真能導向藍海開發，或落實到行動上。企業主管深陷泥淖動彈不得。很多公司基

層員工連公司有什麼策略都不知道。更深入的探究顯示，大多數計畫根本沒有包含任何策略，只是七拼八湊的大雜燴。這些個別做法看起來不無道理，可是合在一起卻無法形成一貫而又明確的方針，讓公司有別於同行，更遑論把競爭變得無關緊要。你的公司的策略計畫是否就是這個樣子？

　　這就得談到藍海策略的第二個原則：聚焦願景，不要只看數字。這個原則極為重要——計畫風險可以就此減少，企業也不會投注大批時間精力，卻還是陷入紅海競爭。我們針對現行策略計畫程序發展出另一套做法，致力於策略草圖的擬定，而非交出一本書面文件[1]。只要遵循策略草圖，就能夠形成明確策略，讓組織裡面各部門人員發揮創意，將公司帶向藍海商機。這些策略也很容易了解和溝通，以有效執行。

策略絕對來自願景

　　在我們的研究和諮商作業中，我們發現擬定策略草圖不僅能具體呈現公司在當前市場的策略地位，也

能夠協助擬定未來的策略。根據策略草圖建立公司的策略計畫程序，能讓公司及其經理人專注於願景，免得受限於數字和術語，整天只顧應付作業細節[2]。

正如前面幾章顯示，擬定策略草圖可以發揮三種功能。第一，它可以非常清晰地描繪出影響產業各個成員的競爭因素（以及未來的可能因素），顯示該產業的策略組合。第二，它呈現目前的對手和潛在對手的策略組合，顯示它們對哪些因素做策略性的投資。第三，它顯示公司的策略組合，或價值曲線，描繪它如何投資於競爭因素，以及日後可能如何投資於這些因素。第二章也談過，擁有高度藍海潛力的策略組合，有三個互補性質：焦點明確、獨樹一幟和畫龍點睛的口號。如果公司的策略組合不能明確顯示這些特質，它的策略很可能模糊不清、沒有差異性，也難以溝通。執行起來也可能所費不貲。

策略草圖視覺溝通

擬定一套策略草圖絕非易事。連要一一列出重要

的競爭因素都沒那麼簡單。你也會看到，最後的清單通常與當初的草稿大不相同。

要評估你的公司和競爭對手對各種競爭因素做到何種程度，也構成同樣艱難挑戰。大多數經理人對自己和競爭對手，在自己的責任範圍內的一、兩個層面表現如何瞭如指掌，可是很少人能夠看到推動整個產業的全盤動力。例如，航空公司餐飲經理對自己公司與同業飲料服務的高下差距非常敏感。但是，這種見樹不見林的做法，卻使他們很難做通盤考量。在餐飲經理看來非常重大的差別，對著眼於整體服務的顧客可能無關緊要。一些經理人也會根據內部利益，定義競爭因素。例如，資訊長可能對公司的資訊設施搜尋資料的能量引以為傲，可是大部分顧客對這種特色卻毫無所覺，因為他們更關心速度和使用便利與否。

過去十年，我們為如何擬定和討論策略草圖，發展出一套有明確結構的程序，以把公司的策略推向藍海。一家金融服務集團即採用這種程序發展出一套策略，並藉此脫離同業競爭。我們姑且稱之為歐洲金融服務公司（European Financial Services，EFS）。EFS採用新策略的第一年，營收就劇增三成。這個程序根

據創造藍海的六個途徑擬定，並包含大量視覺刺激以
啟發創造力，其中主要步驟有四（請參考圖表4-1）。

步驟一：眼見為憑

企業擬定策略時經常犯一個錯誤，那就是還沒有
解決大家對市場現況的不同意見，就急著討論改變策
略。另一個問題是主管經常不願接受改變的必要。他
們可能亟於保持現狀，以維護某種既得利益，或是覺
得時間最後會證明他們過去的選擇很正確。事實上，
在詢問企業主管，他們怎麼會追求藍海並進行改變

圖表4-1

視覺化策略的四個步驟

1. 眼見為憑	2. 觀察入微	3. 策略比稿	4. 視覺溝通
• 描繪出自己目前的策略框架，把本身業務與競爭對手比較 • 看看你的策略有哪些地方需要改變	• 實地探討創造藍色海洋的六個途徑 • 觀察另類產品和服務的獨特優勢 • 看看你有哪些因素應該消除、創造或改變	• 根據實地觀察的心得，描繪「未來」策略框架 • 對擬定的替代策略框架，向顧客、競爭對手的顧客和非顧客尋求意見 • 根據這些回饋，擬定最好的未來策略	• 在一張紙上把以前和未來的策略組合描繪出來，顯示兩者的明確差別，並分發給員工參考 • 只支持能讓公司縮小差距，以實驗新策略的計畫和作業行動

時，他們通常表示這得靠非常有決心的領導人或嚴重
危機來推動。

幸而我們發現，要求企業主管描繪公司策略的
價值曲線，能讓他們深刻體會改變的必要。這種做法
會使公司企業猛然醒悟有必要檢討現行策略。EFS 就
經歷這種過程。它長久以來一直在與定義不佳而又溝
通不良的策略掙扎。公司內部出現嚴重分裂，地區分
支機構的高級主管覺得總部主管太傲慢，認定「中心
負責發號施令，地方只管執行」。這種衝突使 EFS 更
難體認本身的策略問題。但是，企業在擬定新策略之
前，不能不對自己的當前處境達成共識。

在展開策略程序之初，EFS 召集歐洲、北美、亞
洲和澳洲各分支機構的二十多個高級經理人開會，把
他們分成兩組。一組負責描繪 EFS 傳統的企業外匯業
務與同行相比，公司現行策略組合的價值曲線。另一
組負責描繪 EFS 新興的網路外匯業務的價值曲線。他
們必須在九十分鐘內完成這種任務，因為如果 EFS 擁
有明確策略，應該很快就可以呈現這些價值。

結果這個程序變成痛苦的經驗。兩個小組都對
競爭因素的組成和項目發生激辯。不同地區，甚至不

同顧客群，競爭因素似乎都不太一樣。例如，歐洲主
管宣稱在它的傳統業務，EFS必須對風險管理提供諮
商服務，因為它的顧客向來對風險避之唯恐不及。但
是，美國主管認為沒有這種必要，反而強調速度和使
用便利。許多主管獨排眾議，為只有他們自己重視的
構想力爭。網路組就有人辯稱，即時確認交易將能吸
引顧客，可是其他人都認為沒有這種必要。這是一項
過去其他同業未曾提供的服務。事實上在2000年初，
除了像亞馬遜這樣特定的公司，整個業界只有極少部
分的公司會提供即時確認交易服務。

　　儘管困難重重，這兩個小組最後都達成任務，在
全體大會中提出他們描繪的圖表。圖表4-2和4-3就是
他們得到的結果。

　　這些圖形清晰地呈現公司策略的缺點。EFS的傳
統和網路價值曲線，都顯示出焦點十分模糊，反映公
司對這兩種業務都投資於五花八門的因素。更重要的
是，EFS這兩個價值曲線與同行非常類似。也難怪這
兩個小組都提不出能夠反映公司價值曲線的強大宣傳
口號。

　　這些圖形也強烈反映公司策略存在的矛盾。例

企業外匯業務策略草圖，非網路業務

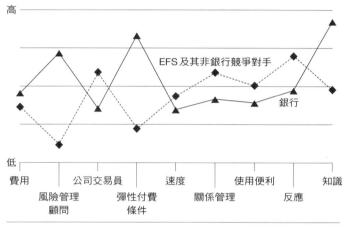

圖表 4-3

企業外匯業務策略草圖，網路業務

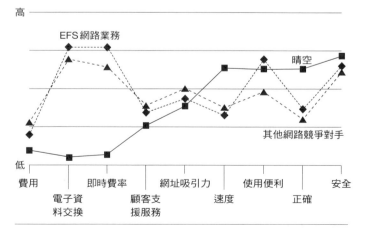

如，網路業務大舉投資設立使用簡便的網站，甚至因此得獎，可是卻顯然漠視了速度。EFS網站在同業之間速度最慢。這一點可能說明這個備受稱道的網站，為什麼吸引顧客和建立業績的成績這麼差。

最強烈的震撼或許來自EFS與同行策略的對比。網路組發現它的勁敵（姑且稱之為晴空公司〔Clearskies〕），擁有焦點明確、富有創意而又簡單明瞭的策略：「按個鍵就搞定」（One-click E-Z FX）。業務飛速成長的晴空公司，正逐漸擺脫紅色海洋。

面對這種直接呈現公司缺點的證據，EFS主管實在無法再為原來脆弱、陳俗而又溝通不佳的策略辯護。描繪策略草圖，比用數字和言詞做任何辯證，更鮮明呈現改變的必要。這種做法讓高級管理階層產生迫切感受，並重新檢討公司的現行策略。

步驟二：觀察入微

眼見為憑只是第一個步驟。第二步是派遣小組進行實地考察，讓經理人面對無法逃避的現實：顧客為什麼使用或不使用他們的產品或服務。這似乎是個淺顯的步驟，可是我們發現經理人常把這種擬定策略的

程序委託他人，只看他們提出的報告，而這些做報告的人往往與他們負責的地區隔了一、兩層。

企業絕不應把眼光委託給別人處理。沒有任何事物能夠取代親眼所見。偉大的藝術家絕不會根據別人的描述甚或照片作畫；他們喜歡親眼觀察自己要畫的東西。偉大的策略家也是如此。彭博（Michael Bloomberg）在出任紐約市長之前，即以企業眼光敏銳著稱，因為他體認提供金融資訊的機構，也必須提供網路分析功能，協助用戶理清資料。但是，他會宣稱任何人只要「看到」交易商使用路透或道瓊德勵財經資訊網路的情況，就會發現這種需要。在此之前，交易商只能用紙筆和計算機做進出決定，很浪費時間金錢，也很容易出錯。

像這種偉大的策略眼光，未必是天縱英明，而是實地了解作業情況，並向現有競爭疆界挑戰的結果[3]。以彭博為例，他獨具慧眼，把焦點從資訊採購者轉移到使用者，也就是發掘交易商和分析師的需求。這種做法讓他看到別人看不到的東西[4]。

第一個應該造訪的對象顯然是顧客。但是，還不只如此。你也應該設法了解非顧客[5]。要是顧客群

與使用者不同，你必須像彭博一樣，把觀察範圍擴大到使用者。你不能只跟這些人交談，也必須觀察他們作業。認清與你的產品配合使用的各種輔助產品和服務，也可能讓你發掘提供配套服務的機會。最後，你也必須探討顧客可能用什麼樣的方式，代替你的產品或服務所滿足的需求。例如，開車可以代替搭機，因此航空業也應該探索開車的獨特優點和特性。

EFS 派遣經理人用四週時間進行實地訪問，探討創造藍海的六種途徑[6]。在這個過程中，每個經理人都必須訪問十個參與企業外匯作業的人，包括公司失去的顧客、新顧客，以及EFS的競爭對手和另類選擇的顧客，並觀察他們作業。這些經理人也超越本行的傳統疆界，探討尚未使用企業外匯服務，不過日後可能有這種需要的公司，像是一些事業正要起飛的國際性網路購物公司，如亞馬遜網路書店。他們訪問企業外匯服務的終端使用者，也就是各公司的會計和財務部門。最後，他們探究本行顧客使用的有關產品和服務，尤其是財務管理和定價模擬系統。

這些經理人在創造策略程序的第一個步驟做成的許多結論，在實地研究的過程被全盤推翻。例如，大

家向來認為客戶關係經理是業務成敗關鍵，也是EFS
引以為傲的資產；但想不到卻成為公司的弱點。顧客
痛恨浪費時間與客服經理打交道。在這些主顧看來，
設置客服經理，是因為EFS無法履行對顧客的承諾，
所以才讓客服經理出面修補公司與顧客的關係。

　　出乎大家意料之外，顧客最重視的因素之一居
然是快速確認交易。這個要素起先只有一個經理認為
很重要。EFS經理人發現，他們客戶的會計人員花很
多時間打電話通知已經撥款，並查核款項是否已經收
到。他們必須對同一筆交易一再打電話給客戶，還得
打電話給外匯供應商，也就是向EFS匯兌部門或別的
同業查核，一再浪費時間。

　　EFS小組奉命重新策劃，而且必須提出新的策
略。每個小組必須根據第三章討論的六個途徑架構，
描繪六個新的價值曲線。每一個新價值曲線，必須呈
現一個能讓公司在市場突出特色的策略。藉著要求每
個小組提出六個策略圖形，我們希望促使這些經理人
想出富有創意的建議，並打破他們的傳統思維限制。

　　這兩個小組也必須為每一個視覺策略，擬出畫龍
點睛的口號，表現這個策略的根本特質，並激發客戶

的興趣。這類建議包括「我辦事你放心」（Leave It to Us）、「讓我更聰明」（Make Me Smarter）和「放心交易」（Transactions in Trust）。兩支團隊競爭激烈，使這個程序趣味十足，生氣洋溢，並把他們推向藍海策略。

步驟三：策略比稿

經過兩週反覆策劃，這兩個小組在我們所謂的視覺策略比稿（visual strategy fair），提出他們擬定的策略草圖。公司高級主管也到場，不過參加的主要是EFS外界有關人員的代表，也就是經理人在實地探訪中碰到的人，包括非客戶、競爭對手的客戶，以及EFS一些要求最嚴格的客戶。在前後兩小時過程中，兩個小組一一說明他們擬定的十二種價值曲線，也就是網路組和非網路組各提出六個。每一種曲線說明時間不得超過十分鐘，因為我們認為任何構想需要花十分鐘以上才能溝通，可能都過於複雜，難以發揮效益。這些圖形都掛在牆上，讓觀眾一目了然。

在十二種策略都解說完畢後，由應邀出席的來賓擔任評審。他們每人有五張貼紙，用以貼在他們最喜歡的策略旁邊，如果他們覺得特別認同哪一項策

略，可以把五張貼紙全部貼上。這種透明和立竿見影的做法，免除了策略計畫程序常見的政治角力。經理人擬定的策略和口號必須富有創意和簡單明瞭，才能打動人心。例如，有一項策略開宗明義就大言不慚地宣稱：「我們的策略巧妙得不只會讓你成為我們的客戶，也會成為我們的忠實愛戴者。」

貼紙都貼上後，我們邀請評審說明他們為何這樣選擇，為研擬策略程序加上另一重回饋效應。評審也要說明為什麼沒有選擇其他價值曲線。

兩支小組在歸納評審共同的好惡時體認到，他們認為非常重要的競爭因素中起碼有三分之一實際上對客戶無關緊要。另有三分之一不是表達不夠清楚，就是在步驟一的程序受到忽略。主管人員顯然有必要重新檢討他們長久以來的觀念。EFS 區隔網路和傳統業務的做法就是一個例子。

他們也發現每個市場的客戶，都擁有一套共同的基本需求，也期望獲得類似服務。只要能滿足這些共同需求，客戶對其他枝節倒不太在乎。但要是這些基本需求出現問題，地區差異就會造成麻煩。這對宣稱自己責任區擁有獨特性質的很多人來說；還真是聞所

未聞。

　　策略比稿會後，這兩個小組總算能夠完成任務。他們描繪出能夠更真實地呈現現行策略組合的價值曲線，因為這種新圖形不再理會EFS向來嚴格區分網路和非網路業務的做法。更重要的是，這些經理人現在有能力針對表面上看不到，可是市場確有實際需要的需求，描繪出明確的未來策略。圖表4-4呈現公司現行和未來策略的強烈差異。

　　正如這個圖形所顯示，EFS的新策略取消了客服經理，也減少對專戶經理的投資，只有對重量級客戶才保留專戶經理。這些措施使EFS作業成本大為降低，因為關係經理和專戶經理是作業成本最高的項目。EFS未來的策略強調使用簡便、安全、正確和迅速。這些因素將經由電腦化呈現，讓客戶能夠直接輸入資料，而不必發傳真給EFS，在當時成為業內標準。

　　這種做法也將使公司交易員稍微空閒一點，不必像以前一樣，花很多時間處理文件和改正錯誤。他們今後可以提供更豐富的交易評論，而這是非常重要的成功因素。EFS向所有客戶自動發送電子確認交易通知，也在外匯業首開先例，像聯邦快遞（FedEx）和優

比速（UPS）的包裹遞送服務一樣，提供付款追蹤服務。圖表4-5總結EFS創造價值創新的四項行動，而這正是藍海策略的基石。

　新的價值曲線顯示了成功策略固有的一些標準。它比以前的策略更有重心；在進行既定投資時更堅決落實計畫。它也斷然脫離本行現有的一窩蜂曲線，並打出強有力的口號：「企業外匯的FedEx：便捷快速、

圖表4-4

EFS：前後對照

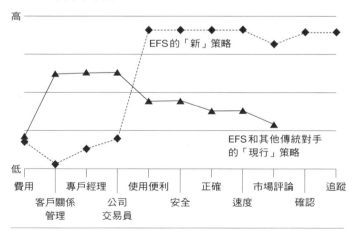

高						
			EFS的「新」策略			
				EFS和其他傳統對手		
				的「現行」策略		
低						
費用	專戶經理	使用便利	正確	市場評論	追蹤
	客戶關係	公司	安全	速度	確認
	管理	交易員			

可靠準時、可以追蹤。」藉著把網路業務和傳統業務歸納成一套強大服務，EFS把複雜的業務模式大為簡化，使系統性的執行更為容易。

步驟四：視覺溝通

在擬定未來的策略後，下一個步驟就是用很容易讓每個人了解的方式進行溝通，讓大家接受這種策略。EFS分發一頁圖片，顯示它的新舊策略組合，讓每一個員工認清公司現在的處境，以及它今後必須專

圖表4-5

消除—減少—提升—創造表格：EFS案例

消除	提升
關係管理	使用便利
	安全
	正確
	速度
	市場評論
減少	**創造**
專戶經理	確認
公司交易員	追蹤

注於哪些方面，以創造強大的未來。參與發展策略的
高級經理人召集直接部屬開會，向他們一一說明，解
釋有哪些事項必須消除、減少、提升和創造，才有助
於開創藍海。這些人再把信息傳達給直屬員工。簡單
明瞭的策略計畫對員工發揮強大激勵作用，許多人把
策略圖形貼在辦公桌前，隨時提醒自己注意EFS新的
優先事項，以及目前必須消除的作業鴻溝。

　　新策略圖形成為所有投資決定的參考標準。只有
能夠協助EFS從舊價值曲線邁向新價值曲線的構想，
才獲准進行。例如，地區辦事處要求資訊部門為網址
增加連結功能。以前這種要求不需辯論就會照准，可
是現在資訊部門卻要求它們說明這對協助EFS邁向新
策略組合有何幫助。如果地區辦事處無法提出合理解
釋，這個要求就會遭到否決。這種做法使網址功能更
為明晰，避免混亂。同樣的，資訊部門要求以數百萬
美元，在管理系統之上建立一套後勤作業系統時，這
種系統達到新價值曲線的策略需求的能力，就成為計
畫能否通過的主要標準。

公司階層的策略視覺化

策略視覺化也能夠大幅促進業務部門之間,以及它們與企業中心的溝通,有助於將公司從紅海推向藍海。業務部門對彼此提出策略草圖時,它們對公司其他業務的了解也會加深。這個程序也有助於把最佳策略措施推展到別的部門。

案例:三星電子的價值創新計畫

要了解這種程序如何運作,不妨看看韓國三星電子公司如何運用策略草圖。讓我們聚焦在一場公司會議,這場會議有七十多名高級主管參加,包括執行長。各部門主管向高級主管和彼此說明他們的策略草圖和執行計畫。討論過程非常激烈,有些部門主管宣稱當前競爭情勢,限制了他們部門形成未來策略的空間。表現不佳的部門覺得,對手推出什麼,他們也必須跟進,否則就無法競爭。但是,成長最快的手機部門提出的策略草圖,證明這種假設並不正確。這個部門不僅有明確價值曲線,也面對最激烈的競爭。

三星電子公司1998年就設立價值創新計畫(VIP)

中心，把在重要業務決策使用策略草圖制度化。三星電子當時正處於十字路口。1997年的亞洲金融風暴仍然餘波盪漾，三星電子領導人尹鍾龍（jong yong yun）認為他們非常需要突破大宗商品式的競爭，並創造兼具產品差異化與低成本的企業與產品。尹鍾龍知道唯有如此，才能推動公司成為未來具有領導地位的消費性電子公司。有了這個目標後，VIP中心在我們價值創新的理論影響下成立[7]。這個中心是一棟五層樓的建築物，座落於南韓水原市三星園區內。在這裡，該公司各營業部門的跨部門核心團隊成員聚集在一起，討論他們的策略專案，並以彩虹、哈瓦那等代號稱呼[8]。這些討論通常是以策略草圖（Strategy Canvas）為焦點。

每年都有超過二千人進出這座位於水原市的VIP中心，設計師、工程師、企劃師與程式設計師聚集在此討論多日 —— 甚至好幾個月 —— 以打造新產品的詳細規格，使該公司產品航向藍海。該中心本身擁有一個核心團隊，團隊成員負責支援通過的專案計畫，所有焦點都是將價值創造導入三星下一代的產品。在該中心發展的價值創新知識下，共配備了二十間專案

計畫房間，支援各部門制定產品與服務的決策。平均
而言，該中心每年通過的策略專案約九十個。三星還
另外開設了十個以上的VIP中心分支，以迎合各部門
日益增加的需求。

　　在這種精神下，三星電子已經建立每年一度的價
值創新企業討論會，所有高階主管都參與這項會議。
在這個討論會中，三星完成的價值創新專案透過展示
與說明分享給與會人，最佳的專案將會獲得獎賞。這
是三星電子建立共通語言系統的一種方式，逐漸灌輸
企業文化與策略標準，驅動公司產品組合從紅海轉向
藍海[9]。

　　自從創辦VIP中心以後，三星電子已經獲得很大
的進展。該公司的銷售額從1998年的一百六十六億美
元增至2013年的二千一百六十七億美元，同時其品
牌價值也跟著大幅揚升。目前三星電子已經被列為最
具價值的全球十大品牌之一[10]。三星所專注的價值創
造已經對其銷售額、品牌價值、市場領導地位做出貢
獻。在新的低成本競爭對手與非傳統業者紛紛湧入這
個快速變遷的高科技消費性電子產業之時，該公司在
未來需要進一步的推動更強大的價值創新。

你的業務部門主管是否對公司其他業務缺乏了解？你的各業務部門對策略最佳措施是否溝通不良？表現不佳的部門是否把情況歸咎於同業競爭？如果這些問題有任何一項的答案是肯定的，不妨嘗試為各業務部門擬定策略草圖，並與所有部門互相溝通。

利用先驅者—移動者—安定者（PMS）圖表

策略視覺化也能夠協助負責公司策略的經理人，預測和計畫公司未來的成長和獲利。擴大這種先驅譬喻，也能夠為討論目前和未來業務的成長潛力提供一個有用的途徑。

公司的先驅者（pioneers）是提供前所未有價值的業務；可說是藍海產品，也是製造獲利型成長的最強大來源。這些業務擁有大批忠實顧客群。它們在策略草圖上的價值曲線有別於同行。另一端是安定者（settlers），也就是價值曲線與產業基本形態一致的業務。這些是有樣學樣的業務，通常對公司未來的成長沒有什麼貢獻，而且正深陷於紅海競爭。

移動者（migrators）的潛力存在兩者之間。這些業務藉著以更低的成本向顧客提供更多利益，擴大本

行的價值曲線，可是未能改變其基本形態。這些業務
為產品提供更好的價值，可是沒有創新價值。它們的
策略處於紅海和藍海之間。

公司管理團隊如想追求獲利型成長，不妨在先驅
者—移動者—安定者（PMS）圖表上，描繪公司目前
和未來預計的業務。為了做這種演練，我們把安定者
定義為抄襲跟風的業務、移動者是產品優於市面上大
多數競爭對手的業務，先驅者是擁有價值創新產品的
業務。

這家公司的安定者目前可能還能夠賺錢，使公司
能夠獲利，可是整個企業極可能已陷入競爭標竿學習
（competitive benchmarking）、模仿和激烈削價競爭的
陷阱。

如果現行和預計業務包含許多移動者，公司仍可
望合理成長，可是沒有充分利用成長潛力。這種公司
如果碰到力行價值創新的對手，可能會被邊緣化。我
們的經驗顯示，一個行業的安定者愈多，從事價值創
新以及開闢新市場空間，以創造藍海的機會就愈大。

這種演練不只能協助經理人了解當前業務情況，
也可以瞻望未來，因此特別有價值。營收、獲利、市

> 我們舉出的創造藍海的公司，都是本行的先驅。它們未必發展出新的科技，只是把它們向顧客提供的價值推向新的疆界。

占率、顧客的滿意度，都是衡量公司當前處境的標準。但是，與傳統策略思維相反的是，這些標準並不能指出未來的發展方向，因為市場環境日新月異。今天的市占率只反映公司歷來的表現成果。不妨回想CNN進入美國新聞媒體市場時，造成的策略逆轉和市占率劇變。向來把持市占率的ABC、CBS和NBC這三大電視網，面對這個新對手，幾乎毫無招架之力。

因此，企業執行長應該把價值和創新，做為管理業務事項的重要衡量標準。他們必須創新，因為如果不銳意創新，公司就會深陷於一味與競爭對手別苗頭的泥淖。他們必須注重價值，因為創新構想必須能讓顧客願意花錢購買，才能為公司賺錢。

高級主管的任務，顯然是讓整個組織把未來的業務重心事項轉向先驅者。這也是邁向獲利型成長的途徑。圖表4-6顯示的PMS圖形，呈現一家公司的業務事項散布情況。公司的十二種業務項目用十二個黑點代表，並顯示公司目前的業務重心絕大多數為安定者，可是正轉移到移動者和先驅者占多數的更強大勢態。

但是，高級主管在把業務推向先驅者之際，必須

圖表 4-6

考驗業務事項的成長潛力

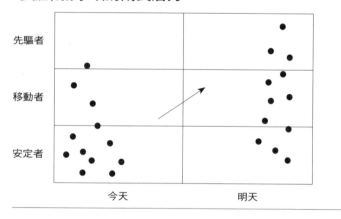

先驅者

移動者

安定者

今天　　　　　　　明天

切記，雖然安定者成長潛力有限，可是它們往往是公司目前的搖錢樹。屆時高級主管該如何在資金流通與某一時間點的成長間取得平衡，幫助整個公司獲取更多的利潤成長？什麼會是他們用來推動公司成長的最佳更新策略？那些更新策略的執行效果會是如何？我們將在第十章探討這些關於更新的重要議題。

> 如果現行業務和預計業務絕大多數是安定者，公司未來的成長曲線就很低，而且常深陷於紅海競爭，必須推動價值創新。

克服策略計畫的限制

經理人經常明裡暗裡對現行策略計畫作業（也就是策略核心活動）表示不滿。他們覺得策略計畫程序應該是建立集體智慧，而不是從上到下或從下到上的作為。他們認為策劃程序應該著重交談溝通，而不是全靠文件推動；應該著重建立願景，而不是孜孜於數字計算。策略應該富有創意，而不全由分析推動；應該更富激勵作用，讓員工自動自發地積極參與，而不是靠討價還價，形成由磋商達成的工作目標。但是，經理人雖然渴望改變，卻缺乏可靠程序來取代現行策略計畫作業，雖然策略計畫是管理階層最根本的職責，因為幾乎全世界每一家公司都得進行這種程序，而且經常每年花幾個月時間辛苦地擬定計畫。換句話說，雖然各公司在擬定計畫上有清楚的程序，但目前還沒有任何理論與程序能幫助經理人進行真正的策略創新。

我們相信這裡提出的四個步驟程序足以改善這種情況，根據一個圖表建立這種程序，能夠消除經理人對現行策略計畫程序的許多不滿，並獲致更好的

結果。亞里斯多德也指出：「少了影像，就不可能思考。」

　　當然，描繪策略草圖和PMS圖表，絕非擬定策略的全部。到某個階段，也必須擬定和討論數字及文件。但是，我們相信如果經理人從如何擺脫競爭的願景著手，其他細節也會按部就班地呈現。本章提出的策略視覺化，讓策略計畫程序具體鮮活的呈現，這會大為改善你創造藍海的機會。

　　如何盡量擴大你正創造的藍海？下面一章就來討論這個問題。

第5章

超越現有需求

市場區隔的做法已逐漸過時。

藍海策略專注於劃分顧客的差異性,

努力在非顧客之間建立強大的共同點,

儘量擴大新需求,將市場空間推到極限,

如此一來就能降低規模風險(scale risk)。

　　沒有哪家公司希望冒險脫離紅海，卻發現自己陷入一個小水窪。這個問題在於，要怎麼樣才能把你正創造的藍海，擴展到極大限度？這就得談到藍海策略的第三個原則：超越現有需求。這是達到價值創新的重要關鍵。藉著為新產品累積最大的需求，可以減少創造新市場所牽涉的規模風險。

　　要做到這點，公司必須向兩種傳統策略措施挑戰。一種是專注於現有顧客；另一種是追求更細微的區隔化（segmentation），以滿足顧客差異性。為了擴大市占率，企業通常試圖拉住和擴大現有顧客群。這種情況經常導致更瑣碎的分類，以及對產品做更細微調整，以迎合顧客的喜好。競爭愈激烈，針對顧客的不同需求推出的產品種類也愈多。企業競相藉著更精細的產品分類滿足顧客的喜好，結果開發出來的目標市場往往規模太小，反而掉入另一個陷阱。

　　要把企業創造的藍海擴展到極限，必須改變做法 —— 不能只想到現有顧客，眼光要放遠，探索非顧客群。企業不能再專注於顧客的差異性，而是要奠基於顧客價值的強大共通性（commonality），這樣才能夠超越現有需求，開發出前所未有的廣大新顧客群。

> 【 企業不能再專注於顧客的差異性，而是要奠基於顧客價值的
> 強大共通性（commonality），才能開發出新顧客群。 】

案例：菜鳥也會用的高爾夫球桿

卡拉威高爾夫球公司（Callaway Golf）就是藉著探討非顧客，為產品蘊蓄新的需求。在美國高爾夫球業忙著爭奪現有顧客群之時，卡拉威卻探索為什麼運動迷和鄉村俱樂部會員不打高爾夫球，並從這個角度創造出由新需求形成的藍海。在探索過程中，它發現龐大的非顧客有個重要共通性：他們覺得要擊中小小的高爾夫球很難。高爾夫球桿桿頭很小，打球時眼睛和手必須高度協調，必須花很多時間才能掌握要領，精神也必須非常集中。因此，新手打球很難享受箇中樂趣，要練好球技也太花時間。

體會這點讓卡拉威對如何為產品蘊蓄新的需求，得到新的靈感，並據此推出大百發球桿（Big Bertha）。這種球桿桿頭較大，要擊中高爾夫球比較容易。大百發球桿不僅把許多不打球的人變成顧客，連原本就打高爾夫球的人也趨之若鶩，使產品供不應求。原來除了職業選手之外，很多本來就打球的人，都對無法掌握隨時都能打中球的訣竅，以致於球技難以進步感到苦惱。大百發球桿的大桿頭使這種困難大為消減。

　　但是，有趣的是，原來的顧客與非顧客不同，他們默默地忍受打球的困難。雖然許多球友很痛恨這點，可是他們認為打高爾夫球本來就是這個樣子。他們不向高爾夫球桿廠商抱怨，卻認為自己的球技有待改進。卡拉威藉著探討非顧客群，並把焦點放在他們的共通性，而不是注重他們的各種差異性，看出如何積聚新的需求，並為廣大的顧客和非顧客提供價值躍進。看看結果：卡拉威開啟了一片有利可圖的藍海，並持續了將近十個年頭。

　　你的作業焦點放在哪裡？你是針對現有顧客群爭取更大的占有率？還是致力於把非顧客群變成新的需求？你是尋求顧客重視的價值的重要共通性，還是拚命針對顧客的不同需求，推出更精細和類別更瑣碎的產品？要超越現有需求，必須把非顧客群置於既有顧客群之前；把顧客的共同需求置於他們的差異性之上；把統合產品類別置於追求更精細分類之上。

個別擊破三種非顧客

雖然非顧客的範圍很廣，而且往往蘊含龐大的藍海商機，然而少有企業獨具慧眼，能夠看出非顧客在何處，並著手開發他們的需求。要將這種潛在的龐大需求，扭轉成全新顧客萌發的實際需求，企業必須更深入了解非顧客的世界。

根據你的市場與非顧客的相對距離，可用三個層次區分這些有望轉變成顧客的非顧客，如圖表5-1所顯示。第一層非顧客最接近你的市場。他們位於市場邊緣，出於必要才對某個產業進行採購，這些人買的數量極少而且心理上不認為自己是該產業的顧客。只要有其他機會出現，他們就會琵琶別抱，棄你而去。但是，如果能夠提供價值躍進，這些人不僅會留下來，採購頻率也會大為增加，龐大的潛在需求也隨之開啟了。

第二層非顧客拒絕使用你的產業所提供的產品。他們認為，你的產業提供的產品只是能滿足需求的一種選擇，而且已被他們排除的選項。以卡拉威公司的例子來說，這些人主要是運動迷，尤其是那些在鄉村

圖表 5-1

三個層次的非顧客

第一層：「即將成為」非顧客，位於你的市場邊緣，隨時準備離去。
第二層：「態度抗拒」的非顧客，刻意不選擇你的市場。
第三層：「未經開發」的非顧客，位於遠離你的市場以外的其他市場。

俱樂部打網球的人。他們可以選擇打高爾夫球，可是卻刻意排除這種選擇。

第三層非顧客距離你的市場最遠。他們從來沒有想到把你的市場提供的產品視為一種選擇。藉著挖掘這些非顧客與既有顧客的重要共通性，企業可以了解如何把他們拉進新的市場。

現在就讓我們一一探討這三個不同層次的非顧客，並了解如何吸引他們，擴大你的藍海。

第一層非顧客

這些隨時準備掉頭而去的非顧客（soon-to-be noncustomer），始終在尋找更好的產品，然而為了需求不得不勉強使用現有市場產品。只要發現更好的替代品，他們會立即轉向。就這點意義來說，他們位於市場邊緣。這種即將成為非顧客的人如果增加，市場就會陷於沉滯並難有成長。但是，第一層非顧客蘊含的卻是正待開發的龐大需求。

案例：Pret A Manger的三明治革命

1998年成立的英國速食連鎖店Pret A Manger（法文意為「現成食品」，簡稱為Pret），就是藉著開發第一層非顧客的龐大潛在需求，擴大藍海。在Pret出現之前，歐洲各地的都會專業人士大多上餐廳解決午餐。設有座位的餐廳提供精美餐點和優雅環境。但是，第一層非顧客的人數很多，而且不斷增加。健康飲食愈來愈受重視，使大家覺得上餐廳不是最好的選擇。專業人士也發現他們愈來愈不常有時間坐下來悠閒進餐，而且有些餐廳太貴，不適合天天來報到。因

此，愈來愈多專業人士隨便抓些東西填飽肚子，或是從家裡帶便當到辦公室吃，甚至乾脆不吃午餐。

這些第一層非顧客顯然都在尋找更好的解決辦法。他們雖然有許多不同之處，卻擁有三個重要的共通性：他們希望迅速打發午餐；希望享有新鮮而又健康的餐點；希望價格合理。

了解這些第一層非顧客群的共通性，就可以體會Pret何以能夠發掘並刺激尚未開發的需求。Pret的辦法很簡單。它的新鮮三明治每天現作，全部使用上好材料，品質媲美餐廳但供應速度比餐廳快得多，甚至快過一般速食店。這些服務的背後，還有清爽的環境，合理價格作為支撐。

走進Pret速食店，就像進入明亮的裝飾派藝術工作坊。沿牆陳列冷藏架乾乾淨淨，上面擺了三十多種三明治、麵包或捲餅，全都是用當天上午送到的新鮮食材，在店裡當場現作。顧客也可以選擇其他現作的產品，像是沙拉、優格、百匯冰品和綜合果汁。每一家連鎖店都有自己的廚房，現成食品都來自優質製造商。連紐約分店的法國麵包都由法國供應，可頌麵包則來自比利時。店裡絕不賣隔夜食品，當天剩下的食

物都送給遊民收容所。

　　除了提供合乎健康的新鮮三明治和其他新鮮食品，Pret也縮短顧客的採購程序。在傳統速食店，顧客必須排隊、訂購、付帳、等待、領餐、坐下用餐。Pret卻把這種程序簡化成瀏覽餐點、揀選、付帳、離開，使時間大為縮短。顧客從進入餐廳排隊購買到離開，平均只要九十秒，因為Pret用高度標準化流程，大量製作現成的三明治和其他產品，不接受顧客特別要求訂製，也不提供其他服務。顧客就像在超市一樣，一切自助。

　　正當設有座位的餐廳業務停滯不前，Pret卻把即將成為非顧客的人，大批大批轉變成核心顧客，使業務蒸蒸日上。這些顧客到Pret購買餐點的次數，比原來上餐廳的次數更頻繁。除此之外，就像卡拉威的情況一樣，原來習慣到餐廳吃午飯的人，現在也紛紛湧進Pret。雖然餐廳提供的午餐還不錯，可是第一層非顧客群的三個重要共通性也引發這些人的迴響，只不過他們與那些即將成為非顧客的人不同，他們沒有檢視自己的午餐習慣。這種情況顯示一個要點：非顧客通常比那些安於現狀的顧客，更能為藍海的開啟和擴

大提供重要訊息。

如今已經過了將近三十年，Pret的業務依舊持
續成長中，且持續享受自家公司開啟的藍海。他們
成功改革了英國的三明治業界。Pret目前在英國、美
國、香港和法國共有三百三十五家分店，年收益高達
四億五千萬英鎊（七億六千萬美金）[1]。

在你那一行，讓第一層非顧客群隨時準備掉頭而
去的主要因素是什麼？探索他們的反應的共通性，並
把注意力對準這些共通性，而不是他們的差異性。這
將使你能夠領悟如何消除顧客的不同類別，並引發尚
待開啟的龐大潛在需求。

第二層非顧客

這些態度抗拒的非顧客（refusing noncustomer），
不採用或負擔不起當前市場提供的產品，因為他們不
想接受這些產品，或無法負擔這些產品。他們要不是
用其他方式滿足需求，要不就是根本不理會這些需
求。但是，這些採取拒絕態度的非顧客，卻蘊含有待
開發的龐大需求。

案例：另類戶外廣告

且看推銷戶外廣告空間的法國德高公司（JCDecaux），如何把採取抗拒態度的非顧客拉進它的市場。在這家公司1964年創造出「街頭家具」（street furniture）戶外廣告概念之前，戶外廣告業主要包括廣告牌和交通工具廣告。廣告牌通常架設在汽車飛馳而過的市郊公路旁，而巴士和計程車上的交通工具廣告，也大多在路人眼前一閃而逝。

許多公司認為戶外廣告稍縱即逝，因此不太喜歡這種廣告媒體。民眾只有在經過的剎那，才會看到戶外廣告，而且重複接觸這些廣告的比率很低。對知名度不高的公司，這種宣傳媒體的效用更差，因為它們無法傳達新品牌和新產品所需的完整介紹。因此，許多公司拒絕使用戶外廣告，認為它們增加價值的效益很差，讓人無法接受，或是費用高得難以負擔。

德高公司深入探究態度抗拒的非顧客擁有的重要共通性，並看出這一行不受歡迎和業務受限的關鍵，是在市區缺乏固定宣傳點。尋求解決的過程中，德高發現市政府可以提供市區定點如巴士站。在這些地方，民眾通常會駐留幾分鐘，有時間看廣告並受到影

響。德高推論，它只要掌握這些地點，就可以把第二層非顧客變成顧客。

根據這種體會，它擬出為市政府免費提供街頭家具的構想，包括免費維修保養。德高公司推想，出售廣告空間的營收，若是超過提供和保養這些家具的成本，並創造誘人的獲利率，公司就可以步入有利可圖的強大成長。納入廣告的街頭家具就此應運而生。

德高利用這種方式，為第二層非顧客、市政府和本身創造出價值突破。這項策略使市政府免除了傳統上為市區家具負擔的成本，而為了交換免費產品和服務，它們授予德高在散布市區各處的街頭家具展示廣告的專利權。由於能夠在市中心做廣告，德高使這些廣告的平均展示時間大為增加，也提高反覆曝光的能力。展示時間增加，使廣告客戶能夠呈現更豐富的廣告內容和更複雜的訊息。此外，由於德高也負責維護市區家具，因此能協助廣告商在兩、三天內推出新廣告，不像製作傳統廣告牌需要十五天之久。面對德高提供的獨特價值，原來採取拒絕態度的顧客成群湧至，街頭家具也成為一種廣告媒體。

德高藉著與市政府簽訂十至二十五年的合同，拿

下街頭家具展示廣告的長期專利。在初步投資後，接下來幾年唯一的開支，就是維修和更新家具。提供街頭家具的業務獲利高達40%，相形之下，廣告牌的獲利為14%，交通工具廣告的獲利為18%。專利合同和相對高的獲利，為公司的長期營收和獲利創造了穩定來源。這種經營模式不只為德高創造了價值躍進，也為客戶創造價值躍進。

　　如今，在過了半個世紀之後，德高依然是全球最大的街頭家具廣告空間供應商，在全球一千八百個城市擁有五十萬個街頭家具廣告看板[2]。此外，藉著探討第二層非顧客的需求，了解促使它們拒絕傳統戶外廣告的重要共通性，並針對這些問題提出解決辦法，德高也增加了這一行原有顧客對戶外廣告的需求。在此之前，原有客戶只考慮它們可以得到哪些廣告牌地點或巴士路線、宣傳檔期和必要花費。它們認定這是僅有的選擇，並在這個範圍內運作。最後還是得靠非顧客，讓大家體認這一行及原有客戶認定的想法，其實大可加以挑戰和改造，以為大家創造價值躍進。

第二層非顧客之所以拒絕使用你那一行提供的產品或服務，關鍵因素何在？探討他們的反應的共通性。把注意力放在這些共通性，不要只關心他們的差異性。這將使你能夠領悟如何引發尚待開啟的潛在龐大需求。

第三層非顧客

第三層非顧客距離產業的現有顧客最遠。通常少有業者曾針對這些「未經開發」的非顧客（unexplored noncustomer）下功夫，也從未想到他們可能是潛在顧客，因為他們的需求和有關的商機，向來被視為屬於其他市場。

如果知道自己白白錯過了多少第三層非顧客，許多公司可能為之扼腕。例如，牙齒潔白向來被視為牙醫的專屬服務領域，與清潔牙齒的消費者產品廠商無關。因此，這些廠商從來不過問這些非顧客的需求。一直到最近，它們才發現這方面存在早就在等待它們開發的龐大潛在需求。它們也發現自己有能力提供安全、高品質、低成本的牙齒潔白方法，市場也呈現爆炸性成長。

這種潛在商機適用於大部分行業。就以美國的國防航空工業為例。有人宣稱，美國長期軍力的致命傷在於無法控制飛機成本[3]。美國國防部1993年的研究報告斷定，飛機造價飛漲和預算減少，使軍方缺乏確實可行的計畫，以更換日益老化的戰鬥機隊[4]。軍事領袖擔心，如果不能設法用不同方式製造飛機，美國將沒有足夠飛機捍衛國家利益。

案例：挑戰國防傳統的戰鬥機

美國海軍、陸戰隊和空軍對所謂的理想戰鬥機，向來看法不同，因此每個軍種各自設計和製造自己的飛機。海軍強調飛機必須堅固耐用，能通過在航艦甲板起降的考驗。陸戰隊需要能夠在短短的跑道起飛和降落的快速應變飛機。空軍想要速度最快、最新式的飛機。

不同軍種的這些不同需求，向來被視為理所當然，國防航空工業也被視為擁有三個不同的部門。聯合攻擊戰鬥機（Joint Strike Fighter，JSF）卻企圖挑戰這種企業傳統[5]。這項計畫把上述三個部門視為未經開發的非顧客，並打算加以統合，納入一個由性能更高

強、成本更低廉的戰鬥機形成的新市場。它不根據不同軍種要求的不同規格和特性，對產品加以分類和分別開發，卻去質疑這些差異，並探索這三個原來不相聞問的軍種所要求的飛機的重要共通性。

這種探索程序發現這三個軍種的飛機，擁有兩種基本上相同的最花錢組件：航空電子設備（軟體）、引擎及主要機體結構的零件。共同生產和使用這些組件，可以使製造成本大為降低。此外，雖然每個軍種都提出一長串極為獨特的規格，可是所有軍種的大部分飛機執行的任務大致相同。

JSF小組進一步研究這些獨特規格，有多少項目對各軍種的採購決定具有決定性影響。有趣的是，海軍的決策關鍵與各種廣泛因素無關，卻可以歸納成兩個主要因素：堅固耐用和容易維修保養。由於飛機部署在航艦上，距最近的維修設施幾千哩，海軍希望擁有堅固耐用而又容易維修的戰鬥機，以應付在航艦甲板降落的強大撞擊力，以及經常受到含鹽分空氣侵蝕的影響。由於擔心陸戰隊和空軍的規格會損害這兩種最基本要求，海軍堅持自己訂造飛機。

陸戰隊也有很多需求與另外兩個軍種不同，可

是真正使它拒絕共同採購飛機的決定性因素只有兩個：短程起飛和垂直降落能力（short takeoff vertical landing，STOVL），以及強大的反制能力。為了支援深入敵境和偏遠地區的部隊，陸戰隊的飛機必須擁有噴射戰鬥機的性能，可是又能夠像直昇機一樣在上空停留盤旋。由於陸戰隊經常必須在低空進行緊急應變任務，飛機必須配備各種反制裝備，包括照明彈、電子干擾裝置等等，以對付敵方防空飛彈，因為他們的飛機飛行高度較低，容易成為攻擊目標。

空軍的任務是在全球各地維持空中優勢，因此必須擁有速度最快和操作最靈活的飛機，也就是性能必須優於各種現在和未來的敵機。這些飛機也必須擁有隱形科技，也就是採用能夠吸收雷達信號的材料和結構，使雷達不易發覺追蹤，便於逃避敵方飛彈和飛機。另外兩個軍種的飛機缺乏這些要素，因此空軍絕不考慮採用它們的飛機。

調查這些未開發非顧客群的結果，讓JSF成為一個可行的計畫。計畫的目標，是以同一個機體為基礎，開發出三款近七成零件通用的戰鬥機型，並進一步減少或完全省略一些過去認為必要，但實際上並不

會嚴重影響三軍購買決定的因素（見圖表 5-2）。

　　JSF 保證每架飛機的造價只會是現有戰鬥機的三分之一。同時，JSF（現稱 F-35）的性能保證優於三個軍種目前最優秀的飛機：空軍的 F-16、陸戰隊的 AV-8B 獵鷹噴射機以及海軍的 F-18。由於專注在這些重要的決定性因素，並消除或降低三個主要的客製化 —— 即

圖表 5-2

國防航空工業重要競爭因素

從 JSF 計畫可看出，儘管有許多重要的競爭因素，但灰底的部分才是各種戰鬥機的關鍵因素

空軍	海軍	陸戰隊	
輕巧	雙引擎	STOVL	設計客製化
統合航空電子設備	雙座	輕巧	
隱形科技	大機翼	短機翼	
超級巡航引擎	堅固耐用	反制能力	
長程飛行	長程飛行		
靈巧	容易維修		
空對空武器	大／有彈性的載運武器能量	大／有彈性的載運武器能量	武器客製化
固定內部武器載運量	空對空和空對地武器	空對地武器	
		電子戰	
能夠執行各種任務的飛機	能夠執行各種任務的飛機	能夠執行各種任務的飛機	任務客製化

設計、武器、任務客製化 ——JSF計畫得以用更低的成本提供更卓越的戰鬥機。同時可以將過去三個軍種的需求加總在一起，進一步降低成本。

2001年秋天，洛克希德—馬丁公司（Lockheed Martin）打敗波音公司，獲得總值二千億美元的JSF合同。這是有史以來最大的一筆軍事合同。美國國防部相信這項計畫會圓滿成功，不僅因為F-35的策略輪廓能實現前所未有的價值，同時三個軍種都非常支持這項計畫，希望藉此取代老舊的機隊[6]。

雖然F-35的觀念與原型機皆獲得好評，但是這種專案的規模與複雜性在執行上永遠都會有不尋常的挑戰。這裡還有執行的課程需要學習，我們將於第八章再度審視這項行動，並分別討論執行的問題。當事情落幕時，交出實際績效不但需要創造性的觀念，同時也需要良好的執行[7]。

將藍海水域無限擴張

應該在何時針對哪一層非顧客開拓商機，並沒

有嚴格法則。由於特定層次的非顧客能夠開啟的藍海機會的大小，因產業和時機而異，你應該在公司有能力辦到的前提下，專注於目前能夠提供最大收穫的層次。但是，你也應該探索這三層非顧客是否有共通性。這種做法可以擴大你能夠開啟的潛在需求。一旦出現這種機會，你不能只專注於某個層次的非顧客，而應探索所有層次的非顧客。基本規則就是，在公司能力許可的前提下，追求最大的水域。

許多公司擬定策略時，自然而然地把保住現有顧客視為第一要務，並尋求進一步區隔化。面對競爭壓力時，這種情況更為明顯。這對建立聚焦的競爭優勢，並在現有市場增加市占率，或許確有效用。但是，這絕不可能開發出能夠擴大市場，並創造新需求的藍海。我們絕不是否定聚焦於現有顧客或區隔，而是主張應挑戰這些被視為理所當然的現有策略方針。要把藍海擴展到極大限度，在研擬未來的策略時，應該先超越現有需求，設法吸引非顧客，並掌握反區隔化（desegmentation）的機會。

如果缺乏這種機會，你可以進一步利用現有顧客群彼此的差異性。然而，採取這種策略措施時，你必

須明白，這可能造成市場空間更小。你也應該知道，一旦你的競爭對手採取價值創新的措施，並成功吸引到大批非顧客之後，你原有的顧客也可能掉頭而去，因為他們也許為了獲得你的對手提供的價值躍進，寧願捨棄自己的差異性。

把自己創造的藍海水域擴展到極限還不夠。你還必需從中獲利，才能創造持久的雙贏結果。下一章會說明如何建立切實可行的經營模式，以便生產藍海產品並保持獲利成長。

第6章

建立正確策略次序

本章釐清策略的優先次序，

將買方效益擺第一，

從策略定價來擬定目標成本，

最後思考如何破除策略推行的阻力，

解決經營模式風險（business model risk）。

　　前面探討了發掘潛在藍海的途徑，並建構出一套策略草圖，清晰呈現未來的藍海策略；你也探索過如何將構想中的顧客盡可能擴增到最多。下一步挑戰就是建立嚴謹的經營模式，從藍海構想中穩定獲利。這就得談到藍海策略的第四個原則：策略次序要正確。

　　本章會討論策略次序該怎麼排列，才能充實並確立藍海構想，以穩固其商業上的可行性。只要了解正確的策略次序，以及如何根據這次序其中的關鍵準則來評估藍海構想，經營模式就可大幅減少風險。

買方效益擺第一

　　正如圖表6-1所顯示，企業必須根據買方效益、售價、成本和推行情況，依序建立藍海策略。

　　程序的第一步是確定產品的買方效益（buyer utility）。你的產品能否開創前所未有的效益？能否說服大眾，讓他們覺得非買不可？要是不能，就全無藍海潛力，那麼只有兩種選擇：一是擱置這個構想，否則就要重新思考，直到你有了肯定的答案。

> 正確策略程序的第一步，就是確定買方效益。你有沒有讓顧客自覺非買不可的理由？

圖表6-1

藍海策略的次序

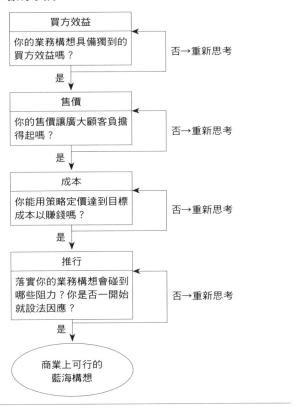

商業上可行的藍海構想

　　要是產品的確具備獨特效益，就可以進入第二
個步驟：設定適當的策略定價（strategic price）。切
記，企業創造需求可不能全靠定價。這方面的關鍵在
於，你的產品定價，能否吸引最大多數的目標顧客，
使他們對你的產品發揮強大購買力？如果答案是否定
的，就表示他們買不起你的產品。這種產品也不可能
風靡市場。這兩個步驟是強調公司經營模式的營收層
面，確保最終顧客價值（net buyer value）能發生價值
躍進。所謂最終顧客價值，就是產品對顧客的實際效
益，減去他們支付的費用。

　　為了確保獲利層面，就得談到第三個元素：成
本（cost）。你能用目標成本製造產品，達到可觀獲利
嗎？策略定價（大多數目標顧客負擔得起的價格）能
讓你獲利嗎？成本絕不能牽動售價，也不能因為成本
過高，策略定價賺不到錢，就犧牲產品效益。如果無
法達到目標成本，只有兩個選擇：放棄這個構想，因
為這種藍海無法獲利；或者調整經營模式，以達到目
標成本。公司的經營模式的成本層面，確保業務能夠
健全的獲利（也就是產品價格減掉生產成本），為公司
創造價值躍進。結合效益、策略定價和目標成本，才

能使企業達到價值創新，為顧客和公司創造價值躍進。

　　最後一個步驟是解決推行阻力。推行構想的過程中，會遭遇哪些障礙？你是否一開始就針對這些問題擬定對策？只有一開始就設法解決推行阻力，確保你的構想能夠順利落實，擬定藍海策略的程序才算完成。所謂的阻力或障礙包括，零售商或企業夥伴可能抗拒你的構想。由於藍海策略全盤脫離紅海的競爭思維，一開始就解決推行阻力也成了關鍵。

　　如何評估你的藍海策略是否通過這四個循序漸進的步驟？如何修改你的構想，以通過每一道考驗？現在就來討論這些問題。首先談的是效益。

價值創新不等於科技創新

　　評估產品的買方效益，其必要性似乎不言而喻。但是，許多公司卻未能創造出產品的獨到價值，因為他們過度堅持產品或服務必須夠新穎，這種情形在新科技相關領域更為明顯。

　　以飛利浦的CD-I互動光碟機為例。這種產品雖是

科技結晶，消費者卻不覺得非買不可。飛利浦稱之為「想像機器」的CD-I，結合了影視功能、音響系統、遊戲機和教學工具。但是，由於功能實在太多，介面對使用者來說又不太友善，大家必須花大量時間搞懂複雜的使用手冊才有辦法使用。此外，它也缺少吸引人的應用軟體。因此，雖然CD-I理論上幾乎無所不能，實際上無用武之地。顧客並不覺得非它不可，銷路一直無法打開。

負責CD-I計畫的經理人，與摩托羅拉的「銥」（Iridium）行動電話計畫負責人陷入同樣迷思：他們對新科技的花樣興奮不已，認定尖端科技一定會帶來實用性。但是，研究發現事實不然。

其他最優秀和最聰明的企業，也不時像飛利浦和摩托羅拉一樣，陷入同樣的科技陷阱。不論得到多少大獎，一項新科技要是不能讓顧客的生活更簡單便利、更有效率、風險更小，或是更炫更有趣，就不可能吸引廣大群眾。所以，價值創新未必就是科技創新。

就如第二章所指出，要避開這種陷阱，一開始應該先擬定具備明確焦點、獨樹一幟的特質、畫龍點睛的標語等初步檢驗的策略組合。一旦做到這點，就可

> 新科技要是不能讓顧客的生活更簡便，或是更炫更有趣，就不可能吸引廣大群眾。所以，價值創新未必是科技創新。

以開始評估新產品或服務會在何處、以何種方式改變顧客的生活。用這種不同觀點檢驗產品的效益非常重要，因為這表示開發產品或服務的方式，不再局限於技術的可行性，而是更聚焦於開創買方效益。

買方效益圖可以協助經理人從正確觀點來看這個問題（參考圖表6-2）。它列出企業利用哪些因素才能為顧客提供獨特效益，以及顧客可能對產品或服務產生的經驗感受。經理人可以藉著圖表，辨認產品或服務可能填補的整體效益空間。現在就讓我們來仔細探討這個圖表。

圖表6-2

買方效益圖

買方經驗週期的六個階段

六種效益槓桿		1. 採購	2. 交貨	3. 使用	4. 輔助	5. 維護	6. 拋棄
	顧客生產力						
	簡單						
	便利						
	風險						
	樂趣和形象						
	環保						

透視買方經驗

買方（也就是顧客）感受的經驗通常有個週期，而且能夠明確分成六個階段，大致從採購到拋棄循序漸進，每個階段都涵蓋形形色色的特定經驗。例如，採購階段可能包括在eBay網站或在家居貨棧的貨架瀏覽商品。如圖表6-3所示，經理人可以在每個階段中提出一連串問題，以便衡量買方經驗好壞。

六種效益槓桿

切入每一階段的買方經驗，就是效益槓桿（utility lever），也是企業為顧客開發出獨到效益的方法。大多數槓桿都很明確 —— 簡單、有趣、形象、合乎環保；這些因素的重要性毋庸贅言。產品必須能減少顧客的財務、體力負擔或信用風險，也是理所當然。產品或服務只要容易取得、使用或拋棄回收，也能讓顧客感受便利性。不過，最常見的一種槓桿，就是提高顧客的生產力，也就是協助顧客把事情做得更快更好。

要了解產品效益是否夠獨特，企業應該從顧客和非顧客的整個買方經驗週期中，檢討產品能否能消除

圖表6-3

買方經驗週期

採購 → 交貨 → 使用 → 輔助 → 維購 → 拋棄

採購	交貨	使用	輔助	維購	拋棄
• 你花了多少時間才找到你需要的產品？	• 產品交貨了多少時間？	• 使用這種產品需要經過訓練或專家協助嗎？	• 你需要其他產品和服務，才能讓這種產品發揮作用嗎？	• 這種產品需要外部維修嗎？	• 使用這種產品會造成廢棄物嗎？
• 賣場是否方便及吸引人？	• 新產品開封和安裝的難易度如何？	• 產品未使用時，是否方便儲藏？	• 如果需要，得花多少錢？	• 維修工作以及產品升級的難易度如何？	• 拋棄回收這種產品是難易度如何？
• 交易環境是否安全？	• 顧客是否必須自己安排運貨事宜？安排運貨的難易和費用如何？	• 產品功能和特色效用如何？	• 需要花多少時間？	• 維修需要花多少錢？	• 要安全處理掉這種產品，是否涉及任何法律或環保問題？
• 作業是否迅速？		• 這種產品或服務提供的效用或選擇，是否遠超出一般使用者的需要？這些噱頭是否導致費用太高？	• 它們造成多大的不便？		• 處理掉這種產品需要花多少錢？
			• 得到這些輔助產品或服務的難易度如何？		

215

第6章｜建立正確策略次序

最多使用障礙。產品效益面對的最大障礙，往往最接近也最可能開發出特殊價值。圖表6-4顯示企業該如何辨認開發獨到效益最關鍵的熱點。藉著在買方效益圖中三十六個空格的位置裡，找出提案產品的定位，你可以清楚地看出，新構想與現有產品相比，能否創造不同的效益、如何創造？新構想能否消除這些效益會面臨的重大障礙，並把非顧客變成顧客？如果你的產品像其他同業一樣，未能通過效益圖中某些相同空格的檢驗，這種產品就不可能創造藍海。

圖表6-4

發掘買方效益會面對的障礙

採購	交貨	使用	輔助	維護	拋棄
顧客生產力：		哪個階段是顧客生產力的最大障礙？			
簡單：		哪個階段對最大障礙？			
便利：		哪個階段對便利構成最大障礙？			
風險：		哪個階段是減少風險的最大障礙？			
樂趣和形象：		哪個階段對樂趣和形象構成最大障礙？			
環保：		哪個階段對環境構成最大障礙？			

案例：T型車奠定福特江山

看看福特的T型車（Ford Model T）。在這種汽車出現之前，美國的五百多家汽車廠商專事製造為有錢人特別訂做的豪華車。從買方效益圖的角度，整個產業只注重使用階段的形象，也就是滿足週末出遊的拉風豪華車。三十六個效益空格中，只填滿一個空格。

但是，對於大多數人來說，汽車業的效益面對的最大障礙，不是提升車子本身的豪華或拉風形象，而在於另外兩個因素。第一個效益障礙是使用階段的便利性。二十世紀初的道路大多顛簸泥濘，馬車可以往來自如，可是結構精密的汽車卻很難暢行無阻。這種路況限制了汽車行駛的地方和時間（在下雨或下雪天開車非常不智），使得開車成了拘束不便的事。第二個效益障礙在維修保養階段。由於汽車製造精巧，又擁有各種選擇性配備，因此很容易故障，需要專家修理，然而一來收費昂貴，二來合格的專家也不好找。

福特的T型車一舉消除這兩種效益障礙。T型車被稱作國民車；只有單一顏色（黑色）和單一車型，選擇性配備極少。這麼一來，福特不必對使用階段的形象進行投資。福特不再只為少數富人製造週末到鄉

間遊玩的汽車。它的T型車是供作日常使用，性能可靠，堅固耐用，在泥土路面、雨天、下雪天或晴天都行駛無礙，而且很容易修理或使用，一天功夫就可以學會怎麼駕駛。

買方效益圖從這個角度，清楚呈現出，構想不同會產生巨大差異 —— 有的構想能真正創造出全新而前所未有的效益；有的構想基本上只是改造現有產品，或是做到科技突破卻無法增加產品價值。這項程序的目的是，檢討你的構想能否像T型車一樣，在效益獨特性上通過考驗。利用這種判斷檢測，你就知道該如何修正你的構想。

從顧客和非顧客的整體買方經驗週期切入，產品效益最大的障礙在哪裡？你的產品能否有效消除這些障礙？如果不能，這種產品很可能是為創新而創新，或只是對現有產品略加修改。如果企業產品能通過這項檢測，就可以進入下一個步驟。

吸引顧客的定價

　　要確保產品能夠為公司帶來源源不斷的豐厚利
潤，必須有適當的策略定價。這個步驟確保顧客不止
會對你的產品動心，他們也具備強大的購買力來付諸
行動。許多公司反其道而行，在推出新的業務構想
時，先針對喜歡嘗新、不在乎售價的顧客，測試新產
品或服務的市場，後來才逐漸降低價格，以吸引主流
顧客。但是，一開始就知道哪個價位能迅速吸引最多
目標顧客，已經愈來愈重要。

　　這種改變主要是兩個原因所致。第一，企業發
現銷量能達到的獲利比以前高了，因為現在的產品更
加知識密集，用於研發的成本遠高於製造成本。這種
情形看軟體業就知道了。例如，蘋果電腦公司花了數
十億美元開發蘋果電腦的作業系統，一旦開發成功，
就能以非常低的成本將系統安裝在無數的電腦上。這
使得銷量成了關鍵。

　　第二個原因是某些產品或服務對顧客的價值，可
能與用戶總數息息相關。eBay 提供的網路拍賣服務就
是最顯著的例子。當愈多人使用，網站對賣方與買方

就愈有吸引力，這種現象稱為網路外部性（network externality），並使許多產品和服務的高下立判：要不是立刻賣掉幾百萬個，要不就是一個都賣不掉[1]。

同時，知識密集產品的興起，也產生了可能遭到模仿或複製的問題 —— 因為知識的特性就是非競爭（nonrival）與部分排他（partially excludable）[2]。如果一家公司使用的是「競爭物」（rival good），就杜絕了其他公司使用的可能性。例如，有個諾貝爾獎得主是IBM的正式員工，他就不能同時為另一家公司工作。美國鋼鐵大廠Nucor用掉的廢鐵，也無法為其他小廠同時利用。

相形之下，一家公司使用「非競爭物」（nonrival good），其他公司也可以使用同樣的東西。思想創意即屬於這種類別。例如，維京航空公司推出的特別商務艙，首次結合傳統頭等艙的寬敞座椅和空間，以及商務艙的票價。其他航空公司可以自由模仿這種做法，而不會影響維京使用這種構想的能力。這使得業者不僅可以模仿同業的作為，以免在市場競爭落後，也比較省錢，因為發展創新構想的成本和風險由首開先鋒的人負擔，其餘跟進的人都可以白白享受現成好

> 知識密集產品的興起，產生了可能遭到模仿的問題；因為創新的成本已被吸收，跟進者可以坐享其成。

處。

　　一旦再考慮到排他性（excludability）的觀念，這種挑戰更形加劇。排他性是物的本質和司法系統的一種功能。如果企業能夠阻止同行使用某物品，例如限量供應或專利保護，這種東西就具有排他性。比方說，英特爾（Intel）是利用專利所有權法，阻止其他半導體製造商使用它的製造設施。然而，像亞洲理髮店 QB 之家，就無法阻止某些人走進店裡，研究店裡的擺設、整體氣氛和理髮時間，然後回頭複製他們的創新理髮店概念。所有構想都攤在陽光下，相關知識自然而然會流傳到其他公司。

　　缺乏排他性更增加了被抄襲的風險。正如速食連鎖店 Pret 與德高公司的創意概念，許多力量最強大的藍海構想蘊含極大的價值，可是它們並不具任何新的科技突破。因此，不能申請專利，也沒有排他性，所以極易遭到模仿。

　　這表示產品策略定價不僅必須能夠吸引大批顧客，也必須能夠留住顧客。由於遭人模仿的可能性很高，產品必須一推出就建立口碑，因為在當今人際關係密如蛛網的社會，品牌建立日益仰賴口碑。因此，

企業必須讓新產品一出現就使顧客無法抗拒，而且必須維持這種情況，以遏止同業的抄襲。這是策略定價之所以重要的原因。策略定價是針對這個問題：產品價位是否從一開始，就可以吸引龐大的目標顧客群，使他們對這種產品擁有強大購買力？一旦產品結合獨特效益與策略定價，別人就很難跟進。

我們發展出一種稱為「大眾價格帶」（price corridor of the target mass）的工具，協助經理人尋找正確價位，讓產品使顧客難以抗拒，而且這種正確價位不見得是最低的價格。這種工具包含兩個彼此相關的不同步驟（見圖表6-5）。

步驟一：確定大眾價格帶

決定產品價格時，所有企業都會先參考形式與它們的構想最類似的產品和服務，而且通常是探討同業的其他產品和服務。這種做法有其必要，可是不足以吸引新顧客。因此，在決定策略定價時，最大的挑戰在於了解顧客對價格的敏感性，因為他們會把新產品或服務拿來與其他產品比較，包括其他行業提供的各種形式相異的產品和服務。

> 【產品價位是否從一開始，就可以吸引龐大的目標顧客群？一旦產品結合獨特效益與策略定價，別人就很難跟進模仿。】

要探討本行界限之外的市場，有個方法：列出兩類產品和服務，一類是形式不同，可是功能類似；另一類是形式和功能不同，可是目標大致相同。

形式不同，功能類似。許多創造出藍海的公司，把其他行業的顧客也吸引過來。這些行業提供的產品或服務，與新產品發揮同樣的功能，或擁有同樣的核心效益，只是表面上的形式非常不同。例如，福特公司發展T型車時，特別針對馬車進行研究。馬車與汽車擁有同樣的核心功能，都是個人或家庭交通工具。但是，兩者形式非常不同，一種利用動物，另一種使用引擎。福特根據馬車的價格決定T型車的售價，而不是與其他汽車廠商的價位相比，結果把汽車業的許多非顧客（傳統的馬車顧客），拉進了自己的藍海。

學校午餐供應商也為這個問題帶來有趣的解讀：親手為子女準備午餐的父母也被拉進比較行列。對許多兒童來說，爸媽與學校餐廳有個同樣的功能 —— 為孩子提供午餐。但是，他們的形式非常不同：一邊是父母，另一邊是餐廳的供餐台。

形式和功能不同，目標一致。有的公司把距離更遙遠的顧客也吸引過來。例如，太陽馬戲團從各式夜間娛樂活動中，吸引到形形色色的顧客。它的成長，有部分來自其他形式和功能不同的活動的原有顧客。例如，酒吧和餐廳與馬戲團風馬牛不相及。而且這兩者提供的談話和美食享受，也有別於馬戲團提供的視覺娛樂。但是，儘管形式和功能相去極大，這三種活動的顧客都擁有相同的目標：享受一個歡樂夜晚。

把各種類別的替代產品和服務一一列出來，能讓經理人看出他們可能從其他行業和非行業搶過來的所有顧客群。這些行業或非行業可能包括父母（學校午餐供應業），或是家庭理財使用的鉛筆（個人理財軟體業）。接下來，經理人應該像圖表6-5一樣，用圖表畫出這些替代產品的價格和銷售量。

這種做法直接呈現最大的目標顧客群在哪裡、他們準備為目前使用的產品和服務花多少錢。涵蓋最大目標顧客群的價格寬度，就是大眾價格帶。

在有些情況下，這個範圍非常寬。例如，西南航空公司的大眾價格帶，從平均付出約四百美元購買短程經濟艙機票的顧客，一直到花費六十美元左右開車

圖表6-5

大眾價格帶

第一步驟：確定大眾價格帶
三種另類產品／服務的形式：

第二步驟：在大眾價格帶裡
訂出標準

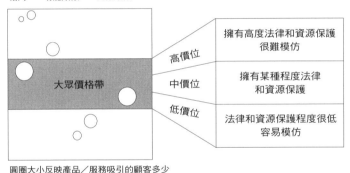

圓圈大小反映產品／服務吸引的顧客多少

到同樣地方的人。進行這個程序時有個重要關鍵：不要只根據本行的競爭情況訂定價位，應該把其他各種行業和非行業也列入考慮，參考其他替代產業和另類產業的情況來定價。例如，Ｔ型車上市之時，一般汽車的價格是馬車的三倍以上。如果福特當初根據其他汽車的價格來為Ｔ型車定價，Ｔ型車的銷路絕對不會呈

現爆炸性成長。

步驟二：在大眾價格帶裡訂出標準

這個工具的第二部分，旨在協助經理人判定他
在價格帶裡可以選擇的價位有多高，並且不致引起競
爭對手跟進。這種評估作業，必須根據兩個主要因素
來進行。第一，新產品或服務擁有多大的專利或版權
保護。第二，公司擁有一定程度的專屬資產或核心能
力，例如昂貴的生產設施、獨特的設計能力等等。比
方說，英國的戴森家電於1995年推出沒有集塵袋的吸
塵器時，由於擁有強大的專利、難以模仿的服務和吸
睛的設計，因此可以把產品價位訂得很高。

其他許多公司也利用接近高標的策略定價，吸引
龐大目標顧客。這方面的例子包括飛利浦公司的ALTO
專業照明設備、杜邦公司（DuPont，現已歸Invista所
有）的萊卡（Lycra）品牌專門化學品、生產商業應用
軟體的SAP公司，以及財經軟體的彭博公司。

在另一方面，專利和資產保護情況不確定的公
司，應該考慮採取價格帶的中間點。缺乏這類保護的
公司，則建議選擇較低價位。例如，西南航空公司的

服務無法申請專利，也不需獨特資產，因此它的票價
處於價格帶的低標部分，以便與開車旅行競爭。如果
出現以下任何情況，最好採取中間至低標策略定價：

● 藍海產品固定成本很高，變動成本很小。
● 藍海產品的吸引力極度仰賴網路外部性。
● 銷售規模和範圍形成的巨大經濟效益，對藍海
  產品的成本結構極為重要。在這種情況下，銷
  售量會帶來很大的成本利益，使得以量制價更
  形重要。

　　大眾價格帶不僅可以顯示哪個策略定價區可望引
進龐大的新需求，也顯示你可能必須以何種方式調整
原來的價格估算，以達到這個目標。一旦產品計畫通
過策略定價的考驗，就可以進入下一個步驟。

策略定價決定目標成本

　　策略次序的下一個步驟，就是訂定目標成本

（target costing）。這主要是針對經營模式的獲利面。為
盡可能擴大藍海構想的獲利潛力，企業應該先訂定策
略定價，然後從其中扣除預期的利潤，以算出目標成
本。在這個程序，一定得用價位扣除預計利潤來推算
成本，不能用成本加上利潤來訂定價位，才能達到既
能賺錢，又使可能跟進的對手難以趕上的成本結構。

　　但是，目標成本若是根據策略定價而訂定，往往
會變得相當嚴苛。而要達到目標成本的挑戰，有部分
可以從建立獨樹一幟而且焦點明確的策略組合，使企
業得以刪除不必要成本。不妨想想太陽馬戲團剔除動
物和明星演員，以及福特公司製造只有單一顏色和極
少選擇性配備的T型車，藉此撙節成本。

　　這些刪節措施有時可以達到目標成本，但往往不
會這麼簡單。福特公司為了達到T型車設定嚴格的目
標成本，推出各種節省成本的創新方法。當時汽車的
標準製造流程，是由技藝高超的工匠從頭到尾手工打
造。福特卻捨棄既有制度，推出組裝線，以不具特殊
技能的一般工人取代熟練的師傅，每個人只負責一個
小小的製造環節，生產作業更快速有效率；製造一輛
T型車所需的時間，從二十一天縮短到四天，製造工

> 一定得用價位扣除預計利潤來推算成本，不能用成本加上利潤來訂定價位，才能創造對手難以趕上的成本結構。

時也減少60%[3]。如果福特沒有推出這些節省成本的創新方法，就無法從策略定價中獲利。

如果不能像福特一樣儘量精簡作業，並以創意方式達到目標成本，反而直接提高策略定價或減少產品效益，這種抄近路的做法根本不可能找到豐饒的藍海。企業要達到目標成本，可以採取三種槓桿。

第一種槓桿就是簡化作業，從製造到配銷都引進成本創新措施。產品或服務的原料，能否用價格較低廉的非傳統原料取代？例如用塑膠取代金屬，或是把電話客服中心從英國遷到印度？產品價值鍊中某些高成本但低附加價值的活動，能否大幅消除、減少或外包？產品或服務的作業地點，能否從房地產價格高的地方，轉移到成本較低的地方？就像零售業的家居貨棧、宜家家居（IKEA）和沃爾瑪（Wal-Mart），或像西南航空公司從主要機場轉移到次級機場。能否像福特推出組裝線一樣，藉著改變作業方式，減少生產過程使用的零件或步驟？能否把作業數位化以降低成本？

案例：Swatch的成本縮減對策

瑞士的Swatch藉著探討這類問題，把成本結構縮

229

減到比全世界任何其他鐘錶公司低30%。Swatch董事
長海耶克（Nicolas Hayek）一開始就成立計畫小組，
為Swatch決定策略定價。當時精準而又價廉（大約
七十五美元）的日本和香港石英錶，正攻占大眾市
場。Swatch把價位定在四十美元，讓普羅大眾也買得
起好幾隻Swatch，做為時尚配件。這種低價位使日本
或香港公司無法模仿Swatch，並削價競爭，而仍有利
可圖。Swatch計畫小組奉命設計出這種價位的產品，
不能多出一分錢。他們從成品逆向研發，以達到目標
成本。這個過程包括決定Swatch需要達到多大的利
潤，以支持行銷和服務作業，並為公司帶來獲利。

由於瑞士人工很貴，Swatch必須激劇改變產品
和生產方法，才能達到目標成本。例如，Swatch捨
棄比較傳統的金屬或皮革，改用塑膠。Swatch的工
程師也把手錶內部結構設計大為簡化，把所有組件從
一百五十個減至五十一個。最後，他們發展出成本更
低廉的新裝配技術，例如錶殼用超音波焊接，而不使
用螺絲。這些設計和製造程序的改變全部加在一起，
讓Swatch把直接勞工成本在整體成本中所占的比率，
從30%降到10%以下。這種成本創新，創造出無人能

及的成本結構，使Swatch的獲利稱霸大眾手錶市場，打敗擁有廉價人工的亞洲廠商。

除了精簡作業和引進成本創新措施，企業要達到目標成本的第二個槓桿，就是結盟合作。對市場推出新產品或服務時，犯錯的公司很多是一手包辦所有生產配銷作業。這有時是因為它們把這種產品或服務，視為發展新業務能力的平台，有時只是沒有考慮其他外部選擇。但是，合作夥伴能夠為公司迅速有效地掌握必要的能力，同時降低本身成本結構。這種做法讓企業能夠利用其他公司的專長，並獲致規模經濟。

例如，宜家家居之所以能夠達到目標成本，大部分是因為積極建立合作關係，與超過五十國的大約一千五百家製造廠商合作，尋求成本最低的材料和生產作業，以確保二萬種產品擁有最低成本和最快生產速度。

總公司位於德國的SAP公司，四十年來一直都是全球商業應用軟體業的霸主。藉著與美國甲骨文公司（Oracle）的合作，SAP節省了幾億美元甚至幾十億美元的研發成本，並得以使用甲骨文公司世界級的中央

資料庫軟體，以此建立SAP兩大藍海核心產品R/2和
R/3。之後SAP更進一步，與凱捷（Capgemini）和埃
森哲（Accenture）等大型顧問公司合作，在沒有額外
花費的情況下，轉眼間就掌握了它所欠缺的全球銷售
網與執行團隊。相較之下，甲骨文公司的銷售力量就
小得多，而且必須負擔固定的成本開支，SAP卻能夠
利用凱捷和埃森哲強大的全球關係網，與預定的顧客
群搭上線，而且公司不必為此負擔任何成本。SAP目
前仍擁有一個範圍廣大的支援體系。他的合作夥伴在
幫助公司鎖定目標、購買、及執行企畫上，扮演非常
關鍵的角色。

　　不過，有時再怎麼精簡作業、極力創新撙節成本
或建立合作關係，都無法達到目標成本。這就得談到
第三種槓桿 —— 改變產業價格模式，讓企業達到預期
獲利率而又不致損害策略定價。改變慣用的價格模式
（而非改變策略定價），往往可以克服這個問題。

　　舉例來說，NetJets藉由將噴射機的價格模式改為
分享時間制，讓策略定價變得有利可圖。這間位於美
國紐澤西州的公司，用這個模式讓多數公司高層與富
裕人士都有機會擁有噴射機。這些人購買的是客機部

分時間的使用權，而非客機本身，藉此大幅提升客戶的購買需求。另一個模式是部分購買。例如像基金管理人，將過去只由私人銀行提供給富裕階層的高價位基金，以部分販售的方式推銷給投資散戶。免費升級則是有些公司會採取的定價策略。他們免費提供某些產品或服務（通常是數位商品，如軟體、媒體、遊戲或網路服務），藉此吸引更多目標客群使用，而部分擁有進階特色與功能的虛擬商品則需要付費升級後才能使用。藉由同時提供「免費」與「付費升級」的選項，讓公司技巧性抓住多數目標客群，並從既有客群自願付費升級的進階功能中獲利。以上都是創新定價的案例。但請記得，有時一個產業的創新定價，經常是另外一個產業的標準定價模式。就像IBM之所以能在平板市場上獲得爆炸性的成長，就是因為他們成功將整個產業的定價模式從銷售轉為租賃，讓公司得以達成目標策略定價，同時回收成本。

　　圖表6-6顯示，價值創新通常會藉著上述三種槓桿，把獲利擴展到極限。正如這個圖表所顯示，公司從策略定價起步，並從其中扣除預定利潤，以達到目標成本。為了達到能夠支持預定利潤的目標成本，公

司有兩種重要的著力目標：一個是精簡作業和成本創新，另一個是尋找合作夥伴。如果還是無法建立低成本經營模式，也無法達到目標成本，就應該轉向第三種槓桿，創新定價，一方面達到策略定價，又能創造獲利。當然，就算是達到目標成本，也一樣可以追求創新定價。一旦公司的產品成功解決經營模式的獲利面，就可以進入藍海策略的最後一個步驟。

經營模式若是基於獨特效益、策略定價、目標成

圖表6-6

藍海策略的獲利模式

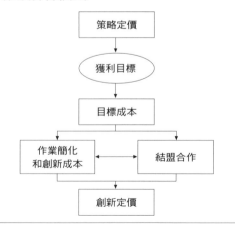

本的次序而建立，就能達到價值創新。與傳統科技創新不同的是，價值創新的基礎是為顧客、企業和社會創造全贏的局面。附錄C〈價值創新的市場動態〉，解釋如何在市場推展這種程序，並指出其利害關係人（stakeholder）在經濟和社會福利受到的影響。

解決推動障礙

就算是無懈可擊的經營模式，都不足以保證這種創造藍海的構想，能帶來商業上的成功。就定義來說，藍海構想一定會威脅現狀，因此可能使公司的三大利害關係人出現恐慌和反彈。這三大利害關係人就是員工、企業夥伴和一般大眾。在進行投資，並把新構想付諸實施前，應該先教育這些心裡忐忑不安的人，以克服他們的恐懼心理。

員工

企業推行新的業務構想時，員工常擔心生計會受影響。如果不能妥善處理這種問題，可能讓公司付出

昂貴代價。例如，美林公司（Merrill Lynch）管理階層宣布成立電腦網路經紀服務計畫時，龐大的零售經紀部門出現反彈和內鬥，使公司股價大跌14%。

在宣布新的業務構想並著手進行前，管理階層應該協同努力與員工溝通，讓他們了解公司很清楚執行新構想構成的各種威脅。公司應該與員工合作，設法排除這些威脅，為公司裡面的每一個人創造全贏局面，雖然他們的角色、職責和酬勞可能變動。與美林公司相反，來看看Netflix公司的例子。Netflix正面臨將公司服務類型從郵寄租借DVD轉型為線上提供影片的艱難挑戰。為了順利轉型，他們在教育員工上花了相當大的心血。包括協助員工進行轉型的必要步驟，告訴他們做這些事情的意義，並讓他們對接下來的改變有充足的準備。例如確保每一位員工都能了解成功推行線上提供影片服務的關鍵所在。到目前為止，他們的運作還算成功，新客戶持續呈等比例成長。在2013年，Netflix的服務訂閱人數首度超過四千萬人次。

企業夥伴

企業夥伴可能擔心新的業務構想，會威脅到他們

> 【新構想付諸實施前，應該先克服來自員工、企業夥伴和一般大眾的恐懼和疑慮。】

的營收或市場地位，而這方面的阻力，可能比員工的不滿造成更強大的破壞力。SAP在開發新產品ASAP（加速SAP）時就曾碰到這種問題。ASAP的導入速度加快，因此可以降低成本，使中小企業終於負擔得起商業應用軟體提供的利益。問題是，要為ASAP發展最佳範本（template），需要大顧問公司積極合作，而這些公司從SAP的其他產品冗長的導入程序獲得很大的利益，所以它們不見得肯合作為企業軟體尋求最快速的執行方式。

　　SAP藉著與合作夥伴公開討論，解決這種困難。SAP主管說服顧問公司，只要與SAP合作，就可以拉到更多生意。雖然ASAP會縮短中小企業導入系統的時間，可是顧問人員可以接觸到新的客戶群，而這方面的報酬，將超過他們從大企業損失的收入。此外，很多顧客批評商業應用軟體的導入太花時間，新軟體卻使顧問人員化解這方面日益強烈的聲浪。ASAP獲得的成功，為SAP公司踏出了關鍵的一步。SAP公司終於得以同時提供商用應用軟體給大企業與中小型公司。

一般大眾

反對創新的力量也可能蔓延到一般大眾，如果構想威脅到既有的社會或政治規範，更可能引發強烈風潮，並造成慘重後果。生產基因改良食品的孟山都公司（Monsanto）就是個現成例子。在「綠色和平」、「地球之友」、「土地委員會」等環保團體圍剿下，基因改良的意圖遭到歐洲消費者質疑。歐洲長久以來非常注重環境維護，農業遊說勢力也一直都十分強大，因此環保團體的主張很能獲得當地共鳴。此後，隨著基因改良食品的爭議愈發擴大，遍及全球，不時都會出現批評孟山都的聲浪。

基因改良食品是個重大的議題，而孟山都的錯誤在於放任別人主導這方面的辯論。它應該教育環保團體和大眾，讓他們了解基因改良食品的益處，並說明這種科技發展能增加種子的耐旱程度與營養成分，有助於消滅饑荒與疾病。產品上市後，孟山都應該明確標示哪些產品曾經使用基因經過改良的種子，讓消費者在天然有機食品和基因改良食品間有所選擇。如果孟山都採取這些步驟，仔細傾聽反對方的意見，並為

憂心忡忡的大眾提供解決辦法，像是強制要求清楚標示等。如此一來，它不但不會成為眾矢之的，反而還有可能贏得更多大眾的信任，甚至能因為藉著提供改良過的種子協助消滅饑荒與疾病，而建立良好的正面形象。

教育這三大利害關係人（員工、企業夥伴、一般大眾）時，最重大的挑戰在於進行公開討論，說明何以必須採取這種新構想。你應該闡述這種構想何以必要、讓大家了解它可能造成哪些影響、公司準備如何因應這些影響。利害關係人都希望自己的意見獲得重視，也不希望出現讓他們意想不到的情況。公司只要願意開誠布公地與他們進行這種對話，付出的時間心血絕對會換來極大的報酬。第八章將更深入討論企業能夠以哪些方式，讓內部與外部利害關係群體參與新構想。

藍海構想的成功機率

企業應該依序從產品效益、價格、成本到推行，

圖表6-7

藍海構想（BOI）指數

		飛利浦 CD-I	摩托羅拉 銥手機	日本 DoCoMo i-mode
效益	產品是否有獨特效益？是否有吸引顧客購買的充分理由？	-	-	+
價格	產品價格是否符合廣大顧客的負擔能力？	-	-	+
成本	產品的成本結構是否符合目標成本？	-	-	+
推行	你是否一開始就設法解決推行障礙？	-	+/-	+

按部就班形成藍海策略，這些標準也形成一個完整的體系，確保商業成功。藍海構想（blue ocean idea，BOI）指數提供這整個系統一個簡單但效用強大的檢測。

　　正如圖表6-7顯示，如果根據BOI指數來評分，一眼就可以看出飛利浦的CD-I和摩托羅拉的銥電話，距離開啟利潤豐厚的藍海還非常遙遠。飛利浦的CD-I提供了複雜科技功能和有限軟體，但無法為顧客創造獨特效益。它的價格高，讓廣大顧客無法負擔；而且製

造程序繁複，成本又高。這種機器設計非常精巧，需要半小時以上的時間向有意購買的顧客解說，使得講究速戰速決的零售店員懶得推銷CD-I。因此，飛利浦雖然花了幾十億美元研發CD-I，可是這種產品在BOI指數的四個檢驗標準上，一項都無法通過。

飛利浦如果在開發期間，用BOI指數評估CD-I的業務構想，或許可以預見這種構想的固有缺失，並在一開始就設法加以解決。例如，它可以簡化產品；鎖定合作夥伴，請它們代為發展吸引人的軟體；訂定大眾負擔得起的策略定價；採用從價格推算成本，而不是從成本推算價格的策略；與零售業合作，為售貨員設計一套簡便的推銷方法，在幾分鐘內就能清楚解說產品。

同樣的，摩托羅拉的銥電話也因為製造成本太高，售價貴得不合理。它並未對廣大顧客提供誘人的效益，又不能在建築物或汽車裡使用，而且機體笨重得像塊磚頭。在推行方面，摩托羅拉克服了許多管制法規，並在許多國家拿到電波傳送權。員工、合作夥伴和一般社會大眾也擁有合理的動機，願意接受這種構想。但是，摩托羅拉在全球市場的銷售團隊和行銷

管道都很弱，因此公司無法有效追蹤和掌握銷路，而
顧客有時會碰到缺貨。效益、價格和成本的基礎太
弱，再加上採用能力平平，導致銥電話構想注定失敗
的命運。

案例：NTT的全贏合作

　　日 本 電 信 電 話 公 司（NTT） 的 DoCoMo i-mode
做法全然不同。1999年，大多數電訊業者仍專注於
對語音無線電服務做科技競賽和價格競爭時，NTT
DoCoMo這家日本最大的電訊公司卻推出i-mode，透
過手機提供網際網路服務。i-mode是全世界有史以來
第一支被一個國家大多數民眾普遍使用的手機。

　　在i-mode推出前，日本一般的手機在機動性、音
質、使用親和度與硬體設計方面，都已經達到相當精
深的水準。但就像當時全球其他地方的手機產業，在
電子郵件、資料查詢、新聞、遊戲與交易等網路熱門
功能上是非常不足的。i-mode提供的服務改變了這個
現狀。它將手機產業與網路產業兩個不同產業的主要
優點加以結合，創造出一項獨特且優越的新商品。

　　i-mode服務用日本普通大眾負擔得起的價格，提

供這種獨特效益。i-mode每個月的基本費、語音和資料傳送費，以及傳送內容的費用，都屬於「不假思索」（nonreflection）的策略定價區，鼓勵顧客因一時衝動而購買，並使客戶群儘快達到龐大數量。例如，一個內容網站一個月的費用大致等同於多數日本人經常在車站書報攤隨手購買週刊的價格。

定出能夠吸引廣大顧客的價格後，NTT DoCoMo又努力發展在目標成本內提供服務的能力，以達到獲利。在邁向這個目標的過程中，NTT從來不受本身資產和能力侷限。雖然它在i-mode計畫中，專注於本身作為經營者的傳統角色，努力發展和維持高速度、高能量網路，可是它也積極與手機廠商和資訊供應業者合作，以提供其他的重要服務成分。

NTT藉著創造一個全贏的合作關係網，試圖達到及維持由策略價格訂定的目標成本。這個合作關係網擁有許多合作夥伴和層面，其中有幾個特點與我們討論的問題關係特別密切。第一，NTT DoCoMo堅持與合作的手機廠商分享科技和知識，以協助它們保持領先優勢。第二，它對無線電網路扮演入口和通道角色，不斷擴大和更新i-mode可連接的網址清單，並

吸引內容供應商加入，創造能夠增加用戶使用量的內容。NTT也協助內容供應商收帳，只收取有限佣金，為這些供應商省下發展收帳系統的龐大成本。在此同時，DoCoMo也為本身維持源源不斷成長的營收。

更重要的是，i-mode不使用無線應用協定（WAP）標準的無線電傳輸語言（Wireless Markup Language，WML），卻採取已在日本廣泛使用的c-HTML語言。這使得i-mode對內容供應商更富吸引力，因為使用c-HTML，讓軟體工程師不必重新接受訓練，就能把為網際網路環境設計的現有網址，改成能夠使用i-mode模式的網址，因此也不會增加額外花費。NTT DoCoMo也與一些重要外國夥伴建立合作關係，例如微軟，整體開發成本因而降低，並縮短有效推出產品的時間。

i-mode策略的另一個重要層面，就是執行計畫的方式。公司為這項計畫成立一個專案小組，賦予明確權力和自主地位。大部分小組成員由組長親自遴選，並與他們公開討論如何創造行動資料傳輸的新市場，讓他們全心投入這項計畫。這些做法為採用i-mode形成有利的企業環境。此外，公司為合作夥伴創造的全

贏模式，以及一般日本大眾已準備使用資料服務，都促使i-mode成功獲得普遍接納採用。

正如圖表6-7所顯示，i-mode服務通過了BOI指數的四項標準考驗。i-mode也確實非常成功。

通過藍海構想指數的考驗後，現在可以換個角度，從藍海策略的擬定層面，轉移到執行層面。這方面的問題在於，如何讓一個組織與你一起執行這種策略，特別是當這種策略與傳統思維嚴重矛盾？這就得談到本書的第二部分，以及藍海策略的第五個原則：克服重要的組織障礙。這也是下一章的主題。

第三部

執行策略的原則

BLUE OCEAN STRATEGY EXPANDED EDITION

執行藍海策略有四項原則：

1. 克服重大組織障礙

2. 結合策略與執行

3. 讓策略主張一致化

4. 更新藍海

成功開發並執行藍海策略後，

經理人還會持續面臨一個重大挑戰：

這片獲利豐厚的藍海必然引來競爭者的抄襲跟風，

你該如何提高藍海策略的模仿障礙？

第7章

克服重大組織障礙

儘管領導人的時間緊迫,組織資源有限,

只要啟動引爆點領導(tipping point leadership),

就能夠克服認知、資源、動機和政治阻力,

解決組織風險(organizational risk)。

　　一旦發展出藍海策略，找到可獲利的經營模式，接下來就必須設法執行。當然，任何策略都有執行面的挑戰。公司就像個人，把策略轉變成行動時，往往會遭遇各種困難，不論在紅海或藍海中都是如此。但是，與紅海策略相比，實行藍海策略時，組織需要推翻現狀的程度通常較為劇烈。藍海策略的關鍵是，在價值曲線上採取較低成本，另闢蹊徑，這種背離主流的做法使執行起來較難推行。

經理人的挑戰

　　經理人認為，這種挑戰確實非常艱鉅。他們要面對四種障礙。第一種是認知障礙。領導階層必須喚醒員工，體認改變策略的必要。紅海或許無法將公司導向能夠持續獲利的未來，可是大家已經習以為常；甚至有人會認為，組織一直都運作良好，為什麼現在要破壞現狀？

　　第二種障礙是資源限制。策略變動愈大，愈讓人誤以為需要動用很多資源才能執行。但是，我們研究

【實行藍海策略時，需要推翻現狀的幅度通常超越紅海策略；
而在價值曲線採取較低成本也背離過去認知，因此較難推動。】

的多數組織顯示，執行藍海策略所動用的資源不但沒
有增加，反而減少。

第三種障礙是欠缺動機。如何激勵關鍵人員迅
速、堅定地執行策略，突破現狀？要達到這個目標，
經常需要花幾年功夫，經理人卻沒有這種時間。

最後一種障礙是政治角力。某位經理人就曾提
到：「在我們組織裡，有誰想強出頭，馬上會被打
壓。」

這些障礙對企業造成的阻力有大有小，許多公
司可能只遇到某一部分，但是，知道如何克服這些障
礙，才能降低組織風險。這就得談到藍海策略的第五
個原則：克服重大組織障礙，以推動藍海策略。

要成功做到這點，首先必須擺脫推動變革的既
有思維。傳統思維認為，改變愈大，投入的資源和時
間也要更多，才能收到效果。但是，推動藍海策略
時，必須顛覆傳統想法，採用我們所謂的引爆點領導
（tipping point leadership）。這種領導方式讓你在執行跳
脫現狀的計畫時，能夠用低廉的成本，迅速克服這四
大障礙，並贏得員工支持[1]。

啟動引爆點領導

　　紐約市警局，是政府部門推動藍海策略的範例。比爾・布萊登（Bill Bratton）首度出任紐約市警局局長時，面臨了前所未有的艱困挑戰。當時，紐約市幾乎瀕臨無政府狀態。謀殺案件創下新高，每天的頭條新聞都是攔路打劫、黑幫火拚、私刑、持械搶劫。紐約市民人人自危。但是，布萊登的警力預算卻遭凍結。事實上，紐約市三十年來犯罪案件節節升高，社會學家認定，警力執法已無濟於事，紐約市民忍無可忍。然而，警察的工作危險、工時長、待遇低，加上重視年資的制度使得升遷困難，三萬六千名紐約警察的士氣陷入谷底，此外，預算削減、配備老舊和貪污風氣也帶來負面影響。

　　以企管用語來說，紐約市警局深陷財務困境，而三萬六千名員工膠著於現狀，欲振乏力、待遇太差；顧客（紐約市民）抱怨連天；犯罪、恐懼和混亂節節高升，在在顯示警察的工作績效每下愈況。此外，還有根深柢固的地盤鬥爭和政治角力。簡言之，要領導紐約市警局改頭換面，貫徹策略，簡直是大部分主管

難以想像的惡夢。警察的競爭對手（罪犯），則是愈來愈猖狂囂張。

　　但是，不到兩年，也沒有增加半毛預算，布萊登居然把紐約市變成全美最安全的大城市。他突破紅海重圍，為執法作業引進藍海策略，在警界掀起革命，讓這個公家機關的「獲利」明顯提升：重大刑案減少39%，謀殺案減少50%，竊案則減少35%。「顧客」也獲益：蓋洛普民意調查顯示，對紐約市警察有信心的民眾，從37%躍升為73%。警局員工也士氣大振：內部調查顯示，紐約市警察的工作滿意度達到空前高峰。一名巡警甚至宣稱：「我們願為布萊登赴湯蹈火，在所不辭。」最重要的是，這些轉變並沒有因為領導換人而消失，證明了紐約市警局的組織文化和策略已從根本改變。雖說如今外在環境與政治情勢已與往昔大不相同，但比爾‧布萊登在2014年時再度被指名擔任紐約市警局局長。

　　在執行突破現狀的策略時，布萊登面對罕見的嚴峻組織障礙。事實上，不管組織處於任何狀態，能夠像布萊登一樣扭轉乾坤的領導人都是少之又少。連傑克‧威爾許（Jack Welch）都得花十年的時間和幾千

萬美元進行改造和訓練，才能讓奇異公司（GE）重生為強而有力的企業。

更有甚者，布萊登顛覆了傳統思維，利用有限的資源，在短短的時間內達到這些突破性的結果，並提升員工士氣，為各方創造出多贏局面。這並不是布萊登第一次成功扭轉策略，而是第五次。雖然布萊登總是得面對經理人所說的，阻撓藍海策略的四大障礙：員工的「認知障礙」，無法看出激進轉變的必要；企業普遍面臨「資源限制」問題；員工「欠缺動機」，士氣低落、意興闌珊；以及企業內外抗拒改變的「政治角力」（請參考圖表7-1），然而布萊登依舊能不辱使命。

找出槓桿借力使力

引爆點領導主要在於集中，而非分散。引爆點領導的根基是一個鮮少運用到的企業現實，那就是在每一個組織裡，都有一些人物、行為和活動，對企業績效具有扭轉乾坤的影響力。因此，克服重大挑戰時，目標不在於引發強大的回應，投入大量的時間和資

【 引爆點領導的原理在於，每一個組織裡，都有一些人物、行
為和活動，對企業績效具有扭轉乾坤的影響力。 】

圖表7-1

策略執行面對的四大組織障礙

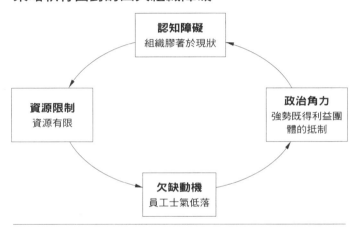

源，才能獲致預期的成效；要做的反而是精簡資源和
時間，投注於發掘組織內能發揮牽一髮動全身的槓桿
因素，並運用這些因素。這與傳統思維剛好背道而馳。

　　採用引爆點領導的領導者，必須回答下列關鍵問
題：對於打破現狀、讓每一分資源發揮最大功效、激
勵重要人員積極推動變革、破除政治阻力，哪些因素
或行動具有扭轉乾坤的正面影響？聚焦這些因素，領
導人便能夠克服四種限制策略執行的主要障礙。

現在，我們就來討論，如何運用這些「槓桿因素」，克服四大障礙，把藍海策略從想法變成行動。

突破認知障礙

在企業改造和轉變的過程中，最艱苦的挑戰就是讓眾人體認到策略變革的必要，並認同變革的理由。大多數企業執行長在倡導變革時，只會指出各種統計資料，堅持公司必須訂定並達到更好的績效目標。他們強調：「績效只有兩種：達到目標，或是超越目標。」

但是，大家都知道，數字是可以操弄的。目標若是過於誇大，等於鼓勵員工在預算編製過程做手腳，造成組織各部門間的猜忌和敵對。即使不操弄數字，數字本身可能也會有所誤導。例如，抽取佣金的業務員，就不太注意他們的銷售成本。

此外，一般人很難記住以數字溝通的訊息。數字讓營運第一線的經理人覺得太過抽象遙遠，而這些經理人正是執行長必須爭取的關鍵對象。自家部門運作良好的經理人，會覺得上級的批評並不是針對他們而

> 數字是可以操弄的。目標若是過度誇大,等於鼓勵員工在預算編製過程做手腳,造成各部門的猜忌和敵對。

發,認為那是高階管理者的問題。自身部門表現不佳的經理人,會自覺受到警告,有些人可能會擔心職務不保,轉而另謀出路,而不是設法解決公司的問題。

引爆點領導不靠數字破除組織的認知障礙。為了迅速破除認知障礙,像布萊登這樣的引爆點領導人,會立刻採取影響力具有高度槓桿的行動,那就是讓人們親眼看到、親身體認嚴酷的現實。神經科學和認知科學的研究顯示,人類對於親眼看到、親身體驗的事物,最能有效記憶和回應,正所謂「眼見為憑」。在經驗領域,正面刺激能夠增強行為,負面刺激則會改變行為和態度。例如,小孩子用手指沾糖霜吃,味道愈甜美,他愈會不斷去吃,根本不需父母鼓勵這種行為。相反地,在碰過一次熱爐子後,他們絕對不會再去碰。也就是說,有了負面經驗後,孩子會自動改變行為,同樣不需父母嘮叨[2]。另一方面,研究結果顯示,經驗若非來自觸摸、看見或感受到實際結果(例如拿到抽象的數字報表),往往讓人覺得無關痛癢,也很容易就忘得一乾二淨[3]。

根據這種認識,引爆點領導可以迅速改變人的心態,而且是發於內心的改變。這種領導方式不是利用

數字來克服認知障礙,而是用兩種方式讓組織成員體
認到變革的必要。

面對惡劣現實

要打破現狀,必須讓員工親眼看到最惡劣的營運
問題。不要讓高級主管、中級主管或任何主管對現實
狀況存有任何假想。數字是可以辯駁的,也無法啟發
人心,可是直接面對差勁的績效,會讓人感到震撼、
無法推卸,並以行動加以改變。這種直接經驗對於員
工的認知障礙,能夠迅速產生扭轉乾坤的影響力。

例如,1990年代,紐約地鐵系統瀰漫著恐懼氣
氛,甚至有個「電動污水管」的惡名。民眾拒絕搭乘
地鐵,地鐵的營收銳減,但是,紐約地鐵警察卻不肯
面對治安不良的現實。為什麼?因為只有3%的重大刑
案發生在地鐵。因此,不論大眾如何批評,相關單位
都置若罔聞,不覺得有必要重新思考警力部署策略。

就在此時,布萊登奉令出掌紐約地鐵警局。幾個
星期內,他就讓紐約地鐵警察的心態完全改變。他是
怎麼辦到的?他沒有行使威權,沒有用數字做滔滔雄
辯,只是以身作則,要求各級主管親自搭乘「電動污

> 數字是可以辯駁的，也無法啟發人心，可是直接面對差勁的績效，會讓人感到震撼、無法推卸，並以行動加以改變。

水管」。在布萊登之前，從來沒有人這樣做。

　　儘管統計資料可能讓警察覺得地鐵很安全，現在他們卻親眼看到紐約市民每天面對的景象：瀕臨無政府狀態的地鐵系統。年輕幫派份子在車廂橫行霸道，逃票行為猖獗，到處都是塗鴉，惡丐橫行，座位上酒鬼橫陳。警察無法再逃避醜陋的現實，辯稱他們不需改變部署，大幅改善現狀，而且要快。

　　讓主管人員看到最惡劣的現實狀況，也能夠迅速改變他們的心態，並體認到領導者的要求。但是，少有領導人懂得利用這種當頭棒喝的力量。他們經常反其道而行，試圖用無關痛癢也無法引發情緒的統計數字，或是祭出當年的傑出成就來爭取支持。雖然這些方法也可能管用，可是都比不上親身體會赤裸裸的現實，能迅速有效地破除主管的認知障礙。

　　例如，布萊登主持麻州灣區客運公司（MBTA）的警察部門時，MBTA的董事會決定購買比較便宜的小型警車。這個決定與布萊登的新策略相違背，但是，他沒有正面對抗，也沒有要求增加預算（這需要花好幾個月重新評估，最後仍然可能被駁回），而是邀請MBTA的總經理跟他一起開車到管區視察。

259

　　為了讓總經理看到惡劣現況，布萊登用理事會訂
購的同型小車去接總經理，並把座位向前推，讓他能
親自感受到，一個身高六呎的警察坐在裡面，連伸腳
空間都沒有的窘境。上路時，他還故意不避開路面的
坑洞，讓車行更加顛簸，乘坐更加不舒服。布萊登也
佩戴了警察的腰帶、手銬和警槍，讓總經理感覺到，
這種車子小得連警察的裝備都放不下。才過了兩個鐘
頭，總經理就吃不消了，要求下車。他告訴布萊登，
他實在無法想像，布萊登怎麼能夠單獨在這麼小的車
子裡忍受這麼久，要是後座有罪犯，狀況更是難以想
像。結果，布萊登得到了他需要的大型警車。

傾聽顧客的不滿

　　要克服認知障礙，不僅必須讓經理人走出辦公
室，實地視察糟糕的營運情況，也必須讓他們親自聆
聽最不滿的顧客抱怨，而非仰賴市場調查。你的高層
管理團隊是否親自積極觀察市場，並會見最不滿的顧
客，聽取他們的投訴？你是否曾經懷疑，為什麼你對
產品充滿信心，銷售成績卻不理想？一言以蔽之，沒
有任何經驗能夠取代直接面對不滿的顧客，並聽取他

們的意見。

　　1970 年代末，波士頓第四區的犯罪案件暴增，情況非常嚴重。波士頓交響樂廳、基督科學聖母堂，以及其他文化設施都在這個地區，可是犯罪猖獗卻讓民眾為之卻步；當地居民紛紛賣掉房子搬到別處，整個社區的情況愈來愈糟。但是，雖然居民成群離去，布萊登的屬下卻自以為表現得相當不錯。因為，依照傳統績效指標，第四區和其他轄區分局比較之下，表現可謂頂尖：九一一報案電話的回應時間縮短、重罪案破案率提高。為了解決這種落差，布萊登安排了一連串的居民大會，讓警察與社區居民會談。

　　經過會談後，警民之間的認知差距很快就浮現。雖然警方自豪於縮短接到報案後的因應時間，以及重大罪案破案率的提高，民眾對此卻毫不在意，也毫無所覺。因為，他們很少感受到重大刑案的危害，讓他們提心吊膽的反而是，隨時隨地出現令人怵目驚心的景象：醉鬼、乞丐、娼妓和塗鴉。

　　這些居民大會促使警方徹底調整工作優先事項，把焦點放在對付「破窗效應」[4]的藍海策略，結果罪案隨之減少，社區民眾也重新感到安全。

　　喚醒組織正視改變策略和突破現狀的必要性時，
你是否想用數字說服大家？還是讓經理人、員工、高
級主管（和你自己）面對最惡劣的經營問題？你是否
要求經理人親自視察市場，聆聽不滿顧客的咆哮？還
是只管派發市場研究問卷，委託外人做你的耳目？

跨越資源限制

　　一旦組織成員接受改變策略的必要，並對新策
略的輪廓達成共識，大多數領導人會面對資源有限的
現實問題。組織是否有資金做必要的改變？在這個節
骨眼，大部分改革派執行長會採取兩種途徑的其中之
一：縮小企圖心，員工士氣因此再度受到打擊，或者
向銀行和股東爭取更多資源，但這個程序可能很花時
間，也可能會讓人轉移對根本問題的注意力。爭取更
多資源並不是沒有必要或是不值得，只是這經常是個
充滿政治角力的漫長程序。

　　如何讓組織用較少的資源，進行策略變革？引爆
點領導人不會只顧著爭取更多資源，而是致力於加強

現有資源的價值。資源有限時，主管可以利用三種槓桿因子，快速釋放資源，並把這些資源的價值提高數倍。這三種槓桿就是熱點、冷點和交換資源。

熱點（hot spot）指的是需要投入的資源很少，但潛在效益很高的活動。相反的，冷點（cold spot）是需要投入很多資源，但是效益很低的活動。每個組織通常存在很多熱點和冷點。交換資源（horse trading）就是把某個部門多餘的資源，拿來交換其他部門的多餘資源，彼此互通有無，彌補不足。藉著學習正確的資源配置，企業經常能夠立即克服資源障礙。

有哪些行動會消耗大量資源，發揮的效能卻很少？有哪些活動能產生極大效能，可是缺乏資源？用這種方式切入問題，就能夠迅速看出如何把低效能部門消耗的資源釋放出來，轉移到高效能部門。利用這種方式，可以同時降低成本並提高價值。

把資源轉向熱點

布萊登之前的幾任紐約市警局長老是辯稱，要維護地鐵安全，必須派遣警察隨車戒護每一班列車，並派人巡邏每個地鐵車站出入口。在這種情況下，要提

高獲利（降低犯罪）就得增加好幾倍成本（警力），
可是預算卻不容許市政府這樣做。這種論調意謂著要
改善績效，資源也必須相對增加，這正是大部分企業
對改善績效的固有論點。

　　但是，布萊登沒有增加警力布署，只是針對熱點
加強警力，就讓地鐵系統的犯罪案件、恐懼和混亂急
遽下降，締造紐約地鐵史上最卓越的治安改善績效。
他的分析顯示，雖然地鐵系統的路線和進出口繁多，
像個迷宮，可是絕大多數案件都集中在少數幾個車站
和路線。他也發現，雖然這些熱點對犯罪績效造成重
大的衝擊，卻沒有獲得警方對應的注意，熱點的警力
部署與其他從未發生犯罪活動的路線或車站一模一
樣。布萊登的解決之道就是重新調整警力，集中對付
這些熱點。果然，在整體警力沒有增加的情況下，地
鐵系統的犯罪率卻直線下降。

　　同樣的，在布萊登接任紐約市警局長之前，紐約
市警局緝毒組的組員就像普通上班族一樣，過著週一
到週五朝九晚五、打卡上下班的生活，組員也只占不
到5%的警力。為了尋找資源熱點，布萊登手下主管犯
罪策略的副總局長傑克・梅波（Jack Maple），召集警

局高級主管開會，要求眾人估計，毒品引發犯罪在所有罪案中所占的比率。大多數認為占了一半，也有人認為高達七成的罪案導因於毒品，最保守的估計數字是三成。梅波指出，根據這些估算，緝毒組組員卻只占全體警察不到5%，人力顯然嚴重不足。此外，緝毒組幾乎都在週一至週五上班，可是大部分毒品交易都在週末進行，與毒品有關的犯罪活動也發生在這段期間。為什麼會有這樣的落差？因為他們的運作向來如此，從來沒有人質疑。

呈現這些事實並找出熱點之後，布萊登在警局內大舉調整人力和資源配置的主張也迅速獲得認同。他把人力和資源轉移到熱點，毒品犯罪也直線下降。

他從哪裡得到資源以進行改革？答案是，在進行上述程序的同時，他也評估了組織裡的冷點。

從冷點轉移資源

領導人必須找出冷點，釋出資源並發揮更大效用。布萊登發現，地鐵系統警力作業的最大冷點，就是押解罪犯到法院的司法程序。連押解一個罪行最輕微的嫌犯到市區法院進行相關程序，都需耗費十六個

小時。這些時間大可拿來巡邏和提高警力價值。

　　布萊登改變作業方式，警察不須押解罪犯到法院，而是把相關程序的處理中心移到犯罪現場。他把一些舊巴士改裝成小型派出所，停在地鐵站外。警察逮捕罪犯後，不必老遠押送到位於市區另一端的法院，只要帶到停在車站外的巡迴「收押巴士」即可。這樣一來，處理罪犯的時間從十六小時縮減為一小時，地鐵警察便可以有更多時間巡邏和逮捕罪犯。

交換資源

　　除了調整內部現有資源的配置重點，引爆點領導人也會有技巧地把不需要的資源，拿來交換需要的資源。在此仍然以布萊登為例。公家機關首長都知道，由於公共資源非常有限，因此他們所控制的預算和人力經常會引起激烈討論。所以，即使手上擁有多餘資源，也習慣密而不宣，更不會交給其他部門使用，以免失去這些資源的控制權。結果，長期下來，一些組織充滿本身不需要的資源，卻缺乏所需要的其他資源。

案例：紐約地鐵拚治安

　　布萊登接任紐約地鐵警局局長時，他的法律和政策顧問迪恩・艾瑟曼（Dean Esserman，現為康乃狄克州紐海芬警察局長）主導交換資源的工作。艾瑟曼發現地鐵局十分缺乏辦公室空間，卻擁有太多不需要的車輛。另一方面，紐約市巡警的車輛不足，卻擁有多餘的辦公室空間。艾瑟曼和布萊登主動提出這種明顯互惠的交換建議，巡警欣然同意。至於地鐵警察，他們很高興能夠進駐市區黃金地段的大樓一樓辦公室。這項交易奠定了布萊登在組織內的聲望，在他往後推動更根本的改革時，阻力大為減少。也因此，在上級眼中，他是個有能耐解決問題的人。

　　圖7-2的策略草圖顯示，布萊登如何大幅調整地鐵警局使用資源的焦點，以脫離紅海，並執行藍海策略。縱軸顯示資源分配的相對水準，橫軸則顯示警局投資的各種策略因素。藉著減少或完全刪除地鐵警察的一些傳統任務，並強調或創造其他勤務，布萊登使資源配置出現了重大改變。

　　刪除和減少任務，可以削減組織的作業成本，提升或創造勤務則需要增加投資，但是，從圖中可以看

出，地鐵警局所投資的整體資源大致維持原狀，市民
得到的價值卻大幅提升。摒除廣泛巡邏整個地鐵系統
的做法，代以針對熱點加強巡邏的策略，地鐵警察因
而能夠更有效地對付地鐵犯罪。減少處理逮捕程序或
冷點的警力，設置收押巴士，警察便可以把時間和心
力用於維持地鐵治安，提高警力價值。在與生活品質

圖表 7-2

地鐵警察的策略草圖：布拉頓如何調整使用資源的焦點

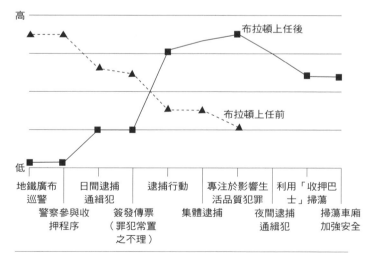

> 【除了調整內部現有資源的配置重點，引爆點領導人也會有技巧地把不需要的資源，拿來交換需要的資源。】

相關的罪行上加強警力投入，減少對於重大罪案的關注，警力資源便能轉移到讓百姓無法安居樂業的犯罪活動上。透過以上的行動，紐約地鐵警局的績效大為提升，他們不必再受困於煩人的行政工作，職責更加明確，對抗應當關注的犯罪行為。

你是根據舊有想法分配資源，還是找出熱點，集中資源？你的熱點在哪裡？有哪些活動能創造最高的績效，卻缺乏資源？你的冷點在哪裡？有哪些績效低落的活動，卻投注過多資源？你是否有交換資源的人手，你有哪些資源可供交換？

跨越動機障礙

組織要達到引爆點並執行藍海策略，必須讓員工了解轉變的必要，並指出如何用有限資源達成目標。新策略要化為行動，眾人不僅必須體認到需要採取什麼行動，也必須持續而有效的推動目標。

如何以低廉成本，迅速激勵一群員工？大多數

企業領導人在企圖突破現狀、改革組織時，會提出宏偉的策略願景，展開從上到下的龐大動員計畫。他們這麼做是因為他們認為，要引起廣大的迴響，就必須有相對規模的龐大行動。但是，大多數企業內部存在著各種不同需求，因此這種做法經常是既困難又耗時費錢。過度崇高遙遠的策略願景，很可能導致陽奉陰違，這麼一來，想要獲致預期的行動，可能比讓航空母艦在浴缸裡掉頭還困難。

要克服動機障礙，是否有其他方法？引爆點領導人不會一開始就發動全面改革，而是集中目標，找出能牽一髮動全身的三項槓桿來提振員工士氣，我們分別稱之為擒賊先擒王、魚缸管理法和化整為零。

擒賊先擒王

策略變革要造成實際衝擊，各階層的員工必須一起有所行動。但是，要引爆積極能量，形成富有感染力的行動，不能一開始就分散力量。相反的，你應該將心力集中在「首腦人物」（kingpin），也就是組織裡擁有影響力的關鍵人物。他們是天生的領導人，備受同僚敬重，具有說服力，或者有能力取得或阻絕重要

【新策略要化為行動，眾人不僅必須讓體認到需要採取什麼行動，也必須以持久而有意義的方式推動目標。】

資源。就像打保齡球一樣，只要直接擊倒中央瓶，其他球瓶也會應聲而倒。運用這種方法，組織不必去對付每個人，但是每個人最後都會受到影響和改變。而且，由於大多數組織的意見領袖畢竟只占少數，而他們通常有共同的問題和關切事項，因此執行長比較容易找出他們，並激勵他們。

例如，在紐約市警局，布萊登就將當時七十六個分局長視為關鍵影響人物和意見領袖。為什麼？因為每個分局長直接控制二百至四百名警察。因此，只要能提升這七十六位分局長的士氣，自然能夠產生連鎖反應，影響並動員三萬六千名警察，讓他們接受新的策略。

魚缸管理法

以持續有效的方式激勵首腦人物，關鍵在於讓他們的一舉一動都逃不過大眾的眼光。這就是我們所謂的魚缸管理法（fishbowl management），要讓關鍵人物成為透明魚缸裡的魚一樣，不論他有所作為或缺乏作為，別人都看得一清二楚。如此一來，當這些人怠惰無能時，所須承擔的代價便提高了。因為，拖延誤事

的人會成為眾矢之的，推動迅速改變的人則能在公平的舞台上綻現光芒。要讓魚缸管理法發揮效用，有三個主要原則：透明、人人有分和公平程序。

在紐約市警局，布萊登的魚缸是兩週一次的策略檢討會議。他召集警方高級主管一起開會，檢討七十六名分局長執行新策略的績效。所有分局長都必須出席，三星警官、副總局長、紐約市五個區的警察首長也得與會，布萊登本人也盡可能參加。會議中，每個分局長都必須在同儕和上司面前接受質詢。現場同時展示電腦製作的巨幅圖表投影片，各個分局長執行新策略的績效，在此無所遁形。分局長必須負責解說圖表呈現的情況，描述屬下如何處理有關問題，並說明打擊犯罪的績效何以提升或下降。在這種會議中，每個人的績效和責任都一清二楚、非常透明。

結果，不用花上幾個月或幾年，才不過幾星期，紐約警方就形成競爭激烈的績效文化，因為沒有哪個「首腦人物」願意在別人面前丟人現眼，每個人都希望在同儕和上司面前有好的表現。透明魚缸使得能力不足的分局長無法再掩飾自己的缺點，把管區治安不佳的問題推給鄰近管區，因為所有分局長都齊聚一堂，

隨時可以反駁。事實上，各分局長在掃蕩犯罪策略會議中接受質詢的照片，就印在會議資料封面，強調分局長必須為管區治安負責。

同理，魚缸式管理也能讓表現傑出的人，因為本身管區治安良好或協助其他管區，獲得應有的讚賞。在布萊登上任之前，分局長很少全體一起開會，這種會議也讓他們有機會比較彼此的經驗。經過一段時間後，各分局長也開始仿效布萊登的做法，往下推行魚缸管理法。由於執行策略的績效受到公開檢視，因此提高分局長的動機，嚴格敦促屬下確實執行新策略。

但是，魚缸式管理要發揮效用，公平程序必須成為組織的慣例。所謂公平程序意指，讓所有相關人員參與決策，向他們說明組織做成這些決定的根據，以及日後升遷或調職的依據，並對員工績效訂定明確目標。在紐約市警局的掃蕩犯罪策略檢討會議中，沒有人能夠抗議程序不公平。單位主管都得接受魚缸檢驗，績效評估，評估結果與升遷或降級的處理都非常透明。每次會議都會明確設定績效目標。

公平程序顯示出，組織雖然必須進行改革，可是領導人還是很重視員工的想法和感受，並提供公平的

衡量標準。當企業試圖做重大策略改變時，員工心裡難免產生猜忌懷疑，而公平程序能夠大幅減緩這種負面情緒。公平程序的緩衝，加上魚缸管理法強調賞罰分明，兩者能共同敦促員工，在變革的旅途中支持他們，這也展現出管理者充分尊重員工的想法和感受。（關於公平程序及其影響，請見第八章。）

化整為零

最後一個槓桿因素就是化整為零（atomization）。這關乎如何架構策略挑戰，也是引爆點領導人最精微而敏感的任務。除非人們相信領導人提出的策略挑戰確實能夠達成，否則改革不可能成功。一開始，布萊登對改善紐約治安的萬丈雄心受到各方質疑。誰敢相信有人能把這麼龐大的一個城市，從全美國最危險的地方，變成最安全的地方？又有誰願意投入時間精力，追求這不可能的夢想？

為了把艱巨挑戰轉化成可以達成的目標，布萊登把問題分解成許多小單位，讓不同階層的警察能夠與這些單位問題產生關聯。布萊登指出，紐約市警局面對的挑戰，是「一個街廓又一個街廓、一個管區又

一個管區，一個區又一個區」，逐步回復全紐約街道
的安全。這種架構使警方面對的挑戰涵蓋整個城市，
但又不會超出他們的能力範圍。對街頭巡警而言，他
們的挑戰就是維持巡邏範圍的安全；對各管區警長而
言，他們的挑戰就是維護本身轄區的安全；對各區警
長而言，他們的目標明確，也在能力範圍之內：維持
區內安全，除此之外沒別的。誰都不可能抱怨上級的
要求過分，也不可能宣稱眼前的目標超過能力所及。
布萊登就是用這種方式，把執行藍海策略的責任，分
給紐約市警局三萬六千名警察共同承擔。

　　你是否試圖動員組織裡的每個人，想要各別擊
破？還是針對一些關鍵影響人物下功夫？你是否根據
公平程序，把這些關鍵首腦放進魚缸裡加以操控管
理？還是只顧著要求高績效，然後暗自祈禱下一季出
現好成績？你是提出宏偉的策略願景？還是把任務化
整為零，讓各階層都有能力達到自己的目標？

克服政治阻力

年輕和專業絕對能夠勝過年資和權謀，對不對？大錯特錯。再聰明優秀的人才，都經常栽在政治、詭計和陰謀下。組織政治是企業和公眾生活中不可避免的現實。即使組織已達到執行新策略的引爆點，仍會有勢力強大的既得利益份子抵制即將推動的變革（請參考第六章對於推行障礙的討論）。若是變革已經勢不可擋，這些內在和外在的反撲力量就愈強烈，試圖保護既有地位。這種反彈可能會嚴重損害策略執行程序，甚至導致前功盡棄。

為了克服這些政治勢力，引爆點領導人會專注於三個槓桿因素：運用天使、制伏惡魔、為管理團隊網羅智囊。「天使」是指可以從策略變革中獲得最大利益的人。「惡魔」是那些會損失最多利益的人。「智囊」則是政治手腕高明，而又極受敬重的自己人。他們能預知各種狀況，包括有哪些人會跟你作對，哪些人會給予支持。

網羅智囊

多數領導人會專注於建立功能強大的高階管理團隊，找來行銷、作業和財務等領域的人才。但是，引爆點領導人還會網羅一種其他主管鮮少想到的人才：智囊。例如布萊登組成的高層團隊中，一定會有個極受敬重的資深成員，這個人知道新策略推動時，會碰到哪些地雷。在紐約市警局，布萊登指派約翰・提莫尼（John Timoney，現為邁阿密警察總局長）擔任他的副手。提莫尼是警界菁英，對紐約市警局忠心耿耿，得過六十多個獎章和戰鬥十字勳章，極受同僚敬畏。任職警界二十多年的提莫尼，不僅對所有重要人物瞭若指掌，對他們的政治手段也一清二楚。提莫尼最初的任務，就是向布萊登報告高級幕僚可能對新策略採取什麼態度，並點出可能抵制或暗中扯後腿的角色。這導致警方管理班子出現大搬風。

利用天使，制伏惡魔

為了克服政治阻力，你也必須探討下列問題：

● 誰是我的惡魔？誰會跟我作對？有誰會因為未
來的藍海策略遭受最大損失？

● 誰是我的天使？有誰必定會站在我這邊？誰會
因為策略轉變獲得最大利益？

　　不要孤軍奮戰，應該盡力爭取更高層和更廣泛的
支持聲浪。辨認敵友，不要理會中間分子，並試圖為
兩者創造雙贏。但是，動作要快。戰鬥尚未展開前，
就必須與你的天使建立更廣泛的聯盟，孤立你的敵
人。這將使你一開始就掌握高昂氣勢，讓敵人銳氣大
挫，難以應戰。

　　布萊登為警方擬定的新策略，面對來自紐約法
院最嚴重的阻撓。法院系統認為，布萊登致力於對付
影響生活品質的罪行，會導致賣淫和公共酗酒等小型
罪案大幅增加，使司法體系難以應付，因此強烈反對
這項策略轉變。為了克服這種阻力，布萊登向市長、
地區檢察官、獄政主管等支持者強調，司法系統絕對
有能力處理這些增加的案件；而且，加強取締這些罪
行，長期下來會減少犯罪，減輕法庭的負擔。市長因
此決定出面干預。

【不要孤軍奮戰，盡力爭取更高層和更廣泛的支持聲浪。辨認敵友，不要理會中間分子，並試圖為盟友和對手創造雙贏。】

　　布萊登的盟友在市長領導下，從媒體下手，傳達一項簡單明瞭的信息：如果法庭不克盡職守，紐約市的犯罪率就不可能下降。結果，布萊登、市長辦公室和紐約市主要報紙共同聯手，成功孤立法院系統。布萊登的計畫不只能把紐約市變成更吸引人的居住環境，最後也將減少提交法院處理的犯罪案件，在這種情況下，法院絕對不敢公然反對這項計畫。市長在媒體嚴正陳詞，強調對付影響生活品質罪行的必要，紐約市最受敬重的自由派報紙也支持新策略。這麼一來，要對抗布萊登的策略，勢必付出昂貴的代價。最後，布萊登贏得這場政治戰役：法院願意合作。他也贏得這場治安戰爭：犯罪率確實下降了。

　　要制伏你的敵手或惡魔，關鍵在於掌握他們所有可能的攻擊角度，並根據無可辯駁的事實和理由反擊。例如，紐約市各警局分局長最初在面對必須提出詳細犯罪資料和圖表的要求時，強烈抗議，辯稱作業太花時間。布萊登早就料想到會有這種反應，因此他自己先測試過，了解這些作業需要花多少時間。他告訴這些分局長，他們每天頂多只要花十八分鐘就可以交差，不到分局長平均工作負擔的百分之一。他利用

這種無法辯駁的資料，克服政治障礙，戰事還未展開，就先打贏了這一仗。

　　你的高級管理團隊是否有位智囊，一位極受敬重的內部成員，還是只有財務長和其他領域的人才？你是否清楚有誰會反對新策略，有誰會支持你？你是否與盟友聯合包圍反對者？你是否讓智囊先消除主要地雷，讓你不必花太多心力對付那些不願也不會改變的人？

挑戰傳統思維

　　圖7-3說明了引爆點領導運作的要點。如圖所示，組織變革的傳統理論著眼於改變大眾。因此，一般在推動變革時，重心會放在大眾身上，而這麼做需要龐大的資源以及長期規畫，但少有主管具備這種奢侈。相形之下，引爆點領導卻反其道而行。為了改變大眾，它專注於改變極端者，也就是對績效具有高度槓桿影響的人員、行動和活動。藉著改變極端者，引爆點領導人得以事半功倍，迅速改造核心大眾，落實他

> 要贏過你的敵手或惡魔，關鍵在於掌握他們所有可能的攻擊角度，並根據無可辯駁的事實和理由反擊。

圖表 7-3

傳統思維 v.s. 引爆點領導

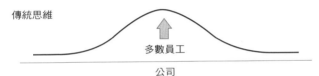

組織變革理論著眼於改變大眾。因此，一般在推動變革時，重心會放在大眾，而這麼做需要龐大資源和長期規劃。

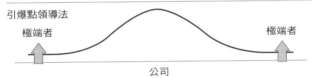

為了改變大眾，它專注於改變公司極端者，也就是對績效產生高度槓桿影響的人員和活動，以低成本落實新策略。

們的新策略。

　　要執行策略變革絕非易事，用有限資源迅速達到目標更是困難。但我們的研究顯示，利用引爆點領導確實可以做到這點。藉著消除妨礙策略執行的阻力，專注於牽一髮動全身的槓桿因素，你也可以克服障礙，實現策略變革。不要遵從傳統思維，並非每一種挑戰都需要大規模的行動因應。專注於具有高度影響力的槓桿因素，是實現藍海策略的重要領導要訣。

　　下一章將深入討論，在執行新策略的過程中，如何建立信任、使命感和自動自發合作的文化，領導人如何贏得支持，使眾人能在意志和感情上完全配合新策略。

第8章

結合策略與執行

背離傳統思維的藍海構想，
推動時難免遭遇內部阻力。
本章針對與員工態度行為的
「管理風險」（management risk），
以公平程序激發組織成員的使命感，
讓他們自動自發，促進策略執行。

藍海策略｜增訂版

　　企業不只有高級管理階層，也不只有中級管理階層。企業是由管理高層到第一線作業的每一個人所組成的。策略必須獲得組織所有成員的積極支持，不論處境順逆都是如此。這麼一來，整個企業才能成為卓越而一貫的執行者。要做到這點，克服組織障礙是執行策略過程的重要步驟，因為再好的策略，都可能碰到阻力而難以推動。

　　但是，到頭來企業仍然必須開啟最根本的行動基礎，也就是組織內部人員的態度和行為。你必須建立具備信任和使命感的文化，激勵人員執行大家同意的策略，所謂「同意」不是表面同意，而是衷心支持。員工必須出於理性和情感配合新策略，發自內心接受該策略，自動自發地合作，而不是靠強制執行。

　　就藍海策略而言，這種挑戰更加艱鉅。要求員工脫離習以為常的領域，改變以往的作業方式，難免會讓他們心生疑懼。他們會懷疑，做這種改變的真正原因何在？高級管理階層宣稱要經由改變策略方向，開創未來的成長，這是真心話嗎？或者只是藉此把我們變成冗員，裁撤我們？

　　距離高層核心愈遠的人，參與新策略擬定程序的

機會愈少，因此他們心中的猜疑會比較強烈。第一線
人員，也就是必須日復一日執行策略的基層員工，可
能會不滿上級無視他們的想法和感受，就強迫他們接
受新策略。正當你自以為一切順利的時候，第一線可
能突然出現嚴重問題。

　　這就得談到藍海策略的第六個原則：企業一開
始就必須把執行納入策略，以建立各級員工的信任和
使命感，促使他們自動自發地合作。這個原則讓企業
得以把員工缺乏信任、拒絕合作，甚至發動杯葛的風
險，減少到最低。在執行紅海策略和藍海策略時，都
可能遭遇這種管理風險，可是這在藍海策略尤為嚴
重，因為執行藍海策略經常需要做出重大變革。因
此，企業在執行藍海策略時，盡可能減少這種風險是
至為重要的。在擬定和執行策略的程序中，公司不能
只用「棍子與胡蘿蔔」這種尋常的獎懲手法，而是必
須力求公平。

　　我們的研究顯示，公平程序是決定藍海策略行動
成敗的重要變數。程序公正與否，直接衝擊到企業的
執行力。

執行力殺手：程序不公

　　以一家製造液態冷卻劑提供金屬加工之用的全球領導企業為例。姑且稱之魯柏企業（Lubber）。金屬加工業有許多不同的製程參數，因此要在數百種複雜的冷卻劑中選擇適用的種類。選擇正確的冷卻劑是非常精密的程序。訂購前，冷卻劑必須先在生產機器上進行測試，而最後的採購決定經常是憑著概略的判斷，而不是嚴謹的評估。結果，機器動不動就得停機，測試冷卻劑也得花錢，魯柏和它的客戶都必須為此負擔高昂的成本。

　　為了提供顧客價值躍進，魯柏公司擬定了一套策略，以消除試用階段的複雜程序和費用。它利用人工智慧科技，發展出一套專門的系統，把選擇冷卻劑的失敗比率，從50%的業界平均值，降到10%以下。這個系統也可以減少機器停機的時間，簡化冷卻劑的管理程序，提高產品的整體品質。這套系統還能大幅簡化魯柏公司的銷售程序，使銷售人員有更多時間開拓新業務，並降低每一筆生意的成本。

　　然而，這項創造雙贏的策略行動，一開始就注定

失敗。失敗的原因並非策略不高明，也不是該套專門系統效果不佳；事實上，這套系統的成效非常好。這項策略之所以行不通，是因為銷售團隊的抵制。

　　銷售團隊沒有參與策略擬定的程序，也沒有參與評估策略改變的論據，而銷售人員對專門系統的看法，也出乎設計團隊或管理團隊的意料。銷售人員認為，這個系統直接威脅他們最重要的功能，那就是在試用階段從大批產品選項中，找出適用的冷卻劑。他們根本不理會專門系統提供的絕佳利益，諸如免除他們工作最麻煩的部分，讓他們有更多時間爭取更多生意，以及超越同行，並贏得更多合約。

　　由於銷售團隊感受到威脅，經常質疑專門系統對顧客的效益，而反對該系統，銷售業績也未顯著增加。管理部門嘗到苦頭後，責怪自己的傲慢輕忽，並體認到，要因應管理風險，一開始就要擬定適當程序的重要性。他們被迫從市場撤回專門系統，並回過頭來與銷售團隊重新建立互信。

公平正義的力量

那麼，公平程序（fair process）究竟是怎麼回事？它如何讓企業把執行納入策略？長久以來，已有無數作家和哲學家探討過公平正義。但是，公平程序的直接理論來源，可以追溯到約翰・蒂伯（John W. Thibaut）和羅倫斯・沃克（Laurens Walker）這兩位社會學家。他們在1970年代中期，把他們對公平正義心理學的興趣，與對程序的研究加以結合，創造出「程序正義」（procedural justice）[1]一詞。他們把焦點放在法律層面，試圖了解人之所以信任法律系統，民眾不必外力強迫，就自動自發遵守法律的因素何在。他們的研究確定，除了結果本身，民眾同樣關心導出結果的程序正義。程序正義發揮時，民眾對結果的滿意程度，以及他們遵守結果的信念，都會提升[2]。

公平程序是我們把程序正義理論應用於管理方面的用語。就像在法律面，公平程序從一開始就能創造人們的接受心理，而把執行納入策略。擬定策略時，如果能顧及公平程序，大家便能信任作業環境的公平性，而自動自發地合作，並執行根據該程序所擬定的

策略決定。

　　以機制推動執行，大家只管敷衍了事，得過且過。自願合作卻讓人放開視野，除了本身的職責之

圖表 8-1

公平程序如何影響人的態度和行為

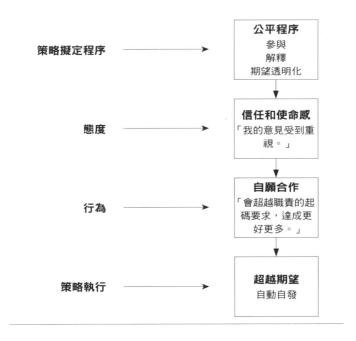

策略擬定程序	→	**公平程序** 參與 解釋 期望透明化
態度	→	**信任和使命感** 「我的意見受到重視。」
行為	→	**自願合作** 「會超越職責的起碼要求，達成更好更多。」
策略執行	→	**超越期望** 自動自發

外，也願意主動花精神做更多事情，充分發揮本身的
能力，努力執行機構擬定的策略，甚至把私人利益放
在其次[3]。圖表8-1顯示我們在公平程序、人員態度和
行為方面觀察到的因果關係。

公平程序3E原則

公平程序包含三個相輔相成的要素：參與
（engagement）、解釋（explanation）、期望透明化
（clarity of expectation）[4]。不論是高級主管，或是銷售
人員，都重視這些因素。我們稱之為「公平程序的3E
原則」。

「參與」意指邀請員工參與表達意見，准許他們針
對彼此的想法和建議進行辯論，讓他們參與會影響其
工作的策略決定。鼓勵參與表示管理階層尊重個人和
群體的意見。鼓勵辯論則會讓每個人的思慮更敏銳，
讓群體智慧更上層樓。鼓勵參與能夠促使管理階層做
出更好的策略決定，也能加強該決策所有相關執行人
員的使命感。

「解釋」意指每個參與決策和受到決策影響的人，都應該瞭解最後的策略決定是如何做成的。解釋做成決定背後的理念，能讓人們相信經理人確曾考慮他們的意見，並為公司整體利益做成毫不偏頗的決定。解釋決策的做成能讓員工信任經理人的意圖，即使他們自己的意見沒有獲得採納。這是個強而有力的回饋循環，也能夠強化學習。

「期望透明化」意指，決定策略後，經理人必須明白宣示新的遊戲規則。雖然公司的期望可能很嚴格，也應該讓員工一開始就知道，他們將根據什麼標準接受評判，以及萬一失敗會受到什麼懲罰。新策略的目的是什麼？新目標和各階段任務又是什麼？誰負責做什麼？要達到公平程序，新目標、期望和責任的性質還在其次，更重要的是讓員工明確瞭解這些要點。一旦大家明確瞭解公司對他們的期望，就可以把政治運作和偏私減少到最低限度，讓大家專注地迅速執行新策略。

公平程序的判斷依據一定是這三個標準共同形成。這點非常重要，因為缺少三者中任何一項，都不能產生公平程序。

案例：雙廠記

公平程序的3E原則如何發揮效益，在組織深處影響策略執行？在此以一家電梯廠商的轉型經驗為例，姑且稱之為愛科公司。當時電梯業生意持續銳減。辦公室過剩，美國一些大城市的辦公室空屋率高達20%。

面對國內需求減少，愛科公司展開行動，試圖提供顧客價值躍進，同時降低自身的成本，以刺激新需求，並從同業競爭中脫穎而出。在創造和執行藍海策略的過程中，愛科體認到，它必須用單元式生產（cellular approach），取代成批製造系統（batch-manufacturing system），讓自主團隊發揮更卓越的績效。管理團隊同意這項方針，並準備付諸實施。為了執行新策略的重要措施，管理班底採用表面上看起來最快速明智的方法。

它準備先在愛科的卻斯特（Chester）工廠推行新生產系統，然後推展到高地公園（High Park）的第二座工廠。這樣的思考脈絡很容易理解。卻斯特工廠的勞資關係非常融洽，員工甚至自動解散工會。管理階層相信這些員工會自動自發地合作，執行改變製造方法的策略。就如公司所謂：「他們是理想的工作團

> **員工即使不喜歡公司的決定，但他們要是覺得受到公平對待，就會願意執行新的生產程序，這正是新策略的成敗關鍵。**

隊。」接下來，愛科將在高地公園工廠推動新製程。高地公園工廠強大的工會很可能會抗拒任何改變，而管理階層希望卻斯特工廠的表現，能夠產生某種執行動能，對高地公園工廠發揮一些正面的影響。

這套說法言之成理。但是，開始執行後，卻遭遇意想不到的麻煩。卻斯特工廠引進新生產程序不久，就出現混亂和強烈反彈。幾個月內，工廠作業成本和生產品質都一塌糊塗。員工開始談論要恢復工會。面對局面失控，工廠經理手足無措，只得向愛科的工業心理學家求助。

相形之下，高地公園工廠雖然有桀傲不馴的惡名，卻坦然接受生產程序的策略改變。高地公園廠的經理每天都提心吊膽，等待預期的風暴出現，可是一直平靜無波。員工即使不喜歡公司的決定，可是他們覺得受到公平對待，因此願意參與新生產程序的快速導入，而該程序是公司新策略成敗關鍵所繫。

進一步探討這兩座工廠對改變策略的做法，可以看出何以會有這種與預期截然不同的結果。在卻斯特工廠，愛科經理人完全違反公平程序的三個基本原則。第一，他們沒有讓員工參與直接影響工作人員的

策略決定。由於對單元式生產缺乏專業技能和瞭解，愛科找了一家顧問公司為轉換進行總體規劃。這些顧問奉命迅速完成作業，而且盡可能不要干擾到員工，以迅速順暢地完成轉換。這些顧問切實遵照指示。卻斯特員工到工廠上班，一眼就看到這些身穿正式西服，裝扮與工人完全不同的陌生人。為了避免干擾作業，顧問人員根本不與員工交談，悶不吭聲地在員工背後觀察、做筆記、畫圖形。工廠流言四起，傳聞這些人在員工下班後，待在工廠裡到處視察，檢查每個工作站，激烈討論。

在這段期間，工廠經理經常到愛科總部與顧問人員會談，待在工廠的時間也愈來愈少。他們故意不在工廠進行這些磋商，以免干擾員工。但是，工廠經理老是不在，造成了反效果。員工愈來愈焦慮不安，懷疑領導人有意拋棄他們，謠言滿天飛。大家都相信，這些陌生的顧問是來精簡工廠，而員工很快就會丟掉飯碗。工廠經理動不動就失蹤，又不說明理由，顯然有意躲避他們。他們認為，這種情況只有一個解釋，那就是公司管理階層有意對付他們。卻斯特工廠的信任和承諾幾乎蕩然無存。

【 只要落實公平程序，最糟的員工也能變成最好的合作夥伴；
因為他們的信任由此建立，所以自願執行最困難的策略轉變。 】

　　過沒多久，就有員工把剪報帶到工廠，顯示美國
各地企業在顧問協助下關閉工廠的消息。員工認定管
理階層正私下進行精簡程序，準備裁員，而他們很快
就會失去工作。事實上，愛科管理階層根本無意關閉
工廠。他們只是希望減少浪費，讓員工用更低廉的成
本和更快的速度，製造品質更好的電梯，以超越競爭
對手。但是，工廠員工對此毫無所悉。

　　卻斯特工廠的經理人也未向員工解釋公司為什
麼做這些策略決定，以及這對員工的職涯和工作方法
有什麼影響。管理階層只召集員工開會三十分鐘，宣
布改變生產方式的總體規劃。員工聽到他們長久以來
的作業方式將被廢除，而要以所謂「單元化生產」取
代。沒有人向他們解釋，為什麼需要做這種策略變
革，公司為什麼需要擺脫競爭，刺激新需求，以及改
變生產程序為什麼是新策略的關鍵要素。員工目瞪口
呆地坐著，根本不了解這種改變背後的邏輯思考。管
理人員誤以為這表示大家接受新計畫，忘記自己在過
去幾個月花了多少時間，才適應改用單元式生產以執
行新策略的想法。

　　管理階層根據總體規劃，迅速重新調整工廠配

置。員工詢問這些新配置的目的時，答案總是「增加效率」。經理人沒有功夫向他們說明，為什麼必須提高效率，也不希望員工擔心。但是，對切身發展缺乏瞭解，一些員工上班時開始感到不快。

經理人也忽略了要向員工說明，在新生產程序下，他們對員工有何期望。他們只通知員工，今後工作人員不再根據個人表現決定績效，而將根據整個小組的表現打考績。他們表示，動作較快或較有經驗的員工，必須分攤動作較慢或較生疏的員工的工作量。但是，他們沒有說明為什麼要這樣做，也沒有向員工說明新的單元式生產系統如何運作。

管理階層違反公平程序的原則，嚴重損害員工對於轉變策略，以及對管理階層的信任。事實上，新的單元式生產設計對員工大有助益，例如更容易安排休假，也使員工有機會擴大技能，並參與各種不同的作業。但是，員工只看到不好的一面。他們開始彼此傾吐恐懼憤怒的情緒。員工拒絕協助他們所謂「不能完成分內工作的懶人」，或把別人的協助視為多管閒事，回以一句「這是我的工作，你管好自己的事就好」，結果工人動不動就打架。

卻斯特的模範人力四分五裂。工廠經理第一次碰到員工抗命，拒絕接受分派的任務，甚至宣稱「你把我開除好了」。他們覺得無法再信任原來甚孚眾望的工廠經理，因此開始繞過他，直接向總部投訴他們的不滿。由於沒有公平程序，卻斯特工廠員工拒絕接受轉變，拒絕執行新策略。

　　相形之下，高地公園工廠管理班底在推動策略轉換時，便切實遵行公平程序的三個原則。顧問人員一出現，工廠經理就向所有員工介紹他們的身分和任務。管理團隊也舉行一系列的全廠會議，讓員工參與。公司主管在會中公開談論這一行日益艱困的業務情況，因此公司必須改變策略方針，從競爭中脫穎而出，並用更低成本達到更高價值。他們說明他們視察過其他公司的工廠，親眼見到單元化作業可能為生產程序帶來的利益。他們解釋這種情況對公司達成新策略的能力，何以是最關鍵的決定因素。他們宣布一項積極回應政策，以安撫員工對裁員的恐懼。廢除了過去衡量績效的標準，經理人與員工合作擬定新標準，並為每一個小組訂定新的責任範圍。他們把新策略的目標和期望，都向員工解說得一清二楚。

　　由於同時推動公平程序三原則，管理團隊贏得高
地公園員工的諒解和支持。員工以敬佩的語氣談論他
們的工廠經理，對愛科經理人執行新策略，改用單元
化生產所遭遇的困難表示同情。他們做成結論，認為
變革有其必要、值得一試，也認為這是個正面經驗。

　　愛科的經理人至今談到這段經驗，仍感到不堪
回首。從這件事，他們學到了，第一線員工與高級階
層同樣關心適當的程序。推出新策略時，若是違反公
平程序，可能把最好的員工變成最可怕的敵人；管理
階層仰賴員工執行策略，但卻引發這些人的不信任和
抗拒。但是，只要經理人落實公平程序，最壞的員工
也可能變成最好的合作夥伴；因為他們的信任由此建
立，所以他們會自願執行最困難的策略轉變。

公平程序何以重要？

　　公平程序對塑造態度和行為為什麼這麼重要？說
得明確一點，在制定策略時，遵守或違反公平程序，
為什麼能夠促成或破壞策略的執行？追根究柢，這關

乎理智上和情感上的認同。

　　在情感上，個人會尋求本身價值的認同，不希望
別人把他們當成「勞工」、「人員」或「人力資源」，
而是有血有肉的個體。不論階級高低，他們都希望
獲得尊重、擁有尊嚴、個人價值受重視。在理智上，
個人也尋求獲得認同，希望別人徵詢並考慮自己的
想法，也希望別人重視他們的知性能力，向他們說
明自己的想法。我們進行訪談時，經常聽到「我認
識的每個人都這樣想……」，或「每個人都希望感受
到……」。他們不斷提到「大家」和「做為一個人」，
這些詞彙強烈顯示，經理人必須體認公平程序在理智
面和感情面所傳達的認同，近乎普世價值。

理智與情感認同

　　在制定策略的過程中遵循公平程序，這點與理智
和情感認同密切相關[5]。公平程序以具體行動展現，決
策者渴望信任，並重視個人，也對個人的知識、才幹
和專長深具信心。

　　個人感到自己的知性價值受到認同時，會樂意分
享自己的知識；事實上，他們會感到振奮，希望不會
辜負別人對自己知性價值的期許，因此願意主動分享
意見和知識[6]。同理，個人情感得到認同時，會自覺與
策略休戚相關，並願意傾力付出。事實上，美國心理
學家赫茲伯格（Frederick Herzberg）對動機的經典研
究發現，「認同」能夠引發強烈的內在動機，讓人願
意超越份內的工作範圍，出於自願合作[7]。因此，公平
程序所傳達的理智和感情認同愈高，人們愈願意發揮
自己的知識和專長，發揮自願合作的精神，以執行策
略，促成組織的成功。

　　而事情的另一面同樣值得我們注意，那就是違反
公平程序，並因此違反對個人理智和感情價值的認同
時，我們所得到的思想和行為型態。總結來說，如果
不以重視個人知識的方式對待他人，他們在理智上會
感到氣憤，也不願分享自己的想法和專長；相反的，
他們會把最好的點子和創意藏起來，拒絕透露獨特創
見。此外，他們也會否定別人的理性價值。他們彷
彿在宣稱：「你不重視我的想法，所以我也不重視你
的，我也不信任、不在乎你們的策略決定。」

　　同樣的，人的情感價值如果不受重視，便會感到氣憤，做起事來無精打采。就像愛科的卻斯特工廠員工一樣，他們會拖延阻撓，採取反制行動，包括蓄意破壞。這種情況經常導致員工要求公司收回成命，拒絕接受上級強制執行的策略，雖然這些策略本身非常高明，而且關係公司未來的營運成敗，或是能為勞資雙方帶來重大利益。策略擬定程序若是缺乏信任，也會讓人對這種方式做成的策略缺乏信任。公平程序能夠引發的情感力量就是這麼強大。當人們因為公司違反公平程序感到不滿時，不僅會要求恢復公平程序，

圖表8-2

擬定策略是否符合公平程序對執行作業的影響

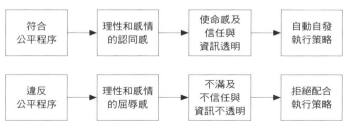

還會希望懲罰那些違規的人。學者將之稱為「報復性正義」。圖8-2顯示我們觀察到的因果型態。

使命感強化執行力

使命感、信任和自動自發不僅僅是態度或行為，它們是無形的資產。一旦懷有信任，就會對彼此的意圖和行動更有信心。如果員工懷有使命感，他們甚至願意排除個人私利，全力促進公司的利益。

任何一個創造並成功地執行藍海策略的公司，它的經理人都能夠迅速列舉出一大堆事實，說明這種無形資產對他們的成就是何等重要。同樣的，執行藍海策略宣告失敗的公司，經理人也會指出，缺乏這種資產如何導致他們失敗。這些公司無法推動策略變革的原因，是他們沒有讓員工懷有信任和使命感。員工的使命感、信任和自動自發，能讓公司以超乎尋常的速度、品質和一貫性，以低廉成本迅速執行並落實策略變革。

企業的難題在於如何在組織內部建立信任、使命

> 員工的使命感、信任和自動自發，能讓公司以超乎尋常的速度、品質和一貫性，以低廉成本迅速執行並落實策略變革。

感和自動自發的精神。如果硬是把擬定策略的程序獨立於執行之外，絕不可能做到這點。兩者互不相干、獨立進行的情況，很可能是大部分公司擬定策略的標準做法，卻也是策略之所以窒礙難行、效果不彰，頂多只能讓員工機械式地聽命行事的根源。當然，傳統的權力和金錢的獎懲（胡蘿蔔和棍子）還是有點效果。但是，它們無法激勵員工，讓人們超越結果導向的自利心態。在無法切實監督員工行為的地方，仍然留有許多拖延誤事和蓄意破壞的機會。

推行公平程序可以避免這種困境。符合公平程序三原則的策略制定程序，可以一開始就把執行納入制定策略的過程。透過公平程序而擬定的策略，員工通常會堅定支持，即使他們覺得該策略不利於自身部門，甚至與他們認定的正確策略有所衝突。員工會體認到，要建立強大的企業，必須妥協和犧牲。他們接受個體短期犧牲的必要，以促進公司的長遠利益。但是，必須有公平程序，他們才會願意犧牲和妥協。各家企業執行藍海策略的情況不一，但不論是哪一種情況，我們都觀察到公平程序的影響力無所不在。

公平程序與外部利害關係人

　　到目前為止，討論公平程序的影響多半是以企業的內部利害關係人為主。然而，在這個相互依存度愈來愈高的世界裡，外部利害關係人也在許多企業的成功中扮演關鍵的角色。事實上，與內部利害關係人相比，推行公平程序的外部利害關係人在執行策略上扮演了更為重要的角色，因為他們處於企業組織的控管範圍之外，往往會有不同的利益與看法。雖然合約與其對外部利害關係人的強制力也很重要，但存在於跨組織間的資訊不對稱（information asymmetry），加上雙方自然會傾向不同的利益與看法，使得公平程序成為中心議題。少了外部利害關係人的承諾與合作，執行工作很容易會成為錯失截止期限、半調子品質，以及成本超支的溜滑梯。仰賴外部利害關係人的程度愈高且愈複雜時，上述情況就愈有可能會發生。

　　想想第五章討論的F-35計畫。F-35代表戰鬥機設計的一種觀念性突破，保證了兼具高性能與低成本的藍海。2001年洛克希德—馬丁公司根據他們發展的原型機贏得了建造F-35的合約，美國國防部也確信這項

計畫將大獲成功。

　　然而，到了2014年，F-35計畫卻執行得不甚理想。這項計畫遭遇到顯著的成本上升、時間表落後以及承諾與交付價值間的妥協。F-35計畫是一個具有藍海概念的好案例，其表現不佳的主因歸咎於執行失當。有各種因素可以作為執行失當的可能理由，如規模過於龐大、計畫過於複雜，以及洛克希德過於強調短期的營運目標而非成功完成這項計畫。然而從這些理由背後，更顯現出公平程序的重要。仔細觀察發現阻礙F-35計畫執行的諸多問題，可以回溯到缺少軍方、洛克希德及其他外部利害關係人複雜網絡間的參與、解釋、期望透明化，而這也都是成功執行該計畫所仰賴的。缺乏公平程序的3E原則，會對必要的知識分享與自願性合作產生負面影響。

　　當F-35計畫付諸實行時，美國國防部根據1990年代自由化興起的浪潮，採取了相對放任的管理政策，目的是為了減少所費不貲的政府監督，以及簽約後就能給與承包商更多的自主權。不過在F-35計畫中，這種過於放任的方式，導致他們無法有效參與洛克希德的開發計畫。結果在缺乏美國國防部的積極參與投

入下，洛克希德最終對F-35的設計、開發、測試、部署及生產作出了多達三分之二的關鍵決策。來自陸、海、空三軍的技術專家們，沒有積極尋求、也沒有充分利用這些關鍵設計決策所產生的機會去分享、解釋、反駁和整合利害關係人間不同的想法與知識，導致執行品質幾乎無法提升。如此缺乏參與以及解釋的情況，更降低了三支軍種對其需求規格妥協的意願，也對計畫造成更多的成本壓力。

再者，對產品的期望尚不明確，每個利害關係人對合約的解釋程度也不盡相同。

洛克希德收到了非常廣泛的計畫方針，例如飛機必須易於維修、可從機場起降、具有隱形功能，還要能夠投擲武器[8]。由於缺乏詳細的規格說明，美國國防部日益發現，承包商對如何解釋這份合約有著十分不同的觀點。克里斯多福‧伯格丹（Christopher Bogdan）中將從2012年12月起就一直負責美國國防部的F-35計畫，根據他的說法，前述情形的下場是：當軍方說F-35需要做到X、Y和Z時，洛克希德—馬丁公司會回應說，他們收到的主要指令是做到Z即可[9]。雙方不同的期望意味著更多的修正、成本及相互指責。

此外，對複雜的轉包商網絡也缺乏明確的期望。例如，當國防部監察長怪罪負責F-35計畫的部門未將關鍵的安全、品質，以及技術需求充分轉達給承包商與轉包商時，計畫部門卻希望由洛克希德—馬丁公司來負責確保其轉包商是否符合規定。結果硬體與軟體無法合乎規定，洛克希德—馬丁公司與其轉包商也無法精確地在設計、製造與品質保證的程序上達到國防部的期望。缺乏明確的需求將會影響供應商的品管程序，以及確保交付商品是否符合規定。F-35在飛行測試開始前就已經進行初步生產，前述的負面效果會在加速同步生產時被成倍放大。當F-35計畫在規格、品質以及標準上持續出現令人擔憂的問題時，代表這種飛機仍迫切需要一個非常昂貴且耗時的新設計。

　　雖然違反公平程序以及內部與外部利害關係人彼此間溝通不良，導致F-35計畫執行失當，面對這些問題，美國國防部正試圖透過更多的參與和解釋，以及更明確的合約來導正。2013年9月伯格丹中將表示：「我們目前所處的情況讓我深受激勵。我能告訴你們，當你們開始溝通與相互聆聽，你們就開始找到解決問題的方案，而非相互指責[10]。」

　　當然，只有時間可以證明，美國國防部能否在內部與外部利害關係人的複雜網絡間，建立和維持積極參與、解釋、期望透明化的文化以完成F-35計畫。唯一能確定的是，從迄今為止的經驗來看，美國國防部不能繼續錯失公平程序、自願性合作與知識分享。

　　現在我們已經準備好要將我們的所學彙整在一起，並於下個章節探討有關於策略一致性（strategy alignment）的重要問題。策略一致性是種整合觀念，綜括了我們前幾章的核心觀點與討論。這種策略模式，可確保企業策略從價值到利潤到人員的所有部分都能相輔相成，使之成為一種高績效而持久的策略。

第9章

讓策略主張一致化

價值、利潤與人員三種主張
都被視為是成功進入藍海的關鍵，
只要達成策略的一致性，
降低持久性風險（sustainability risk），
就能獲得高績效而持久的策略。

　　當我們向人們請教什麼是藍海策略，以及策略成功的驅動力為何時，通常我們會得到三種答案的其中一種。有些人認為，藍海策略基本上與如何重建市場邊界，對顧客提供三級跳的價值有關。有些人則認為藍海策略的本質是透過策略性定價、目標成本等類似策略，開啟商業模式的創新，使企業能在獲利的情況下掌握新的顧客。還有些人認為藍海策略基本上是透過適當對待員工與合作夥伴，促使人們發揮創造力、分享知識並且自動自發地合作。以上三種都是正確的答案。

　　毫無疑問，我們已經輪流討論過以上每一種看法，也鋪陳了應用的工具與架構，提供企業以風險最小化與機會最大化的方式實現藍海策略。不過，這三種答案雖然都是正確的，但也僅僅答對了部份。因此，我們要順勢探討藍海策略的下一個原則 —— 一致性（alignment），在創造與獲得藍海間補上臨門一腳，讓藍海策略成為高績效而持久的策略。

【 如果策略不能讓三種主張兼備並協調一致，通常會以短暫的
成功或失敗告終。 】

三種策略主張

在最高層次，成功的策略有三種不可或缺的主張：
「價值主張」（value proposition）、「利潤主張」（profit
proposition）及「人員主張」（people proposition）[1]。任
何策略想要成功而持久，企業必須開發出吸引顧客的產
品；企業必須創造出某種經營模式，從產品獲得利潤；
企業必須激勵員工，讓員工願意與公司一起執行策略。
好策略以顧客非買不可的價值主張為內容，以企業健全
穩固的利潤主張為基礎，而激勵人心的人員主張則是策
略能持久執行的要件。激勵人員要的不只是克服組織層
面的障礙、也要以公平程序贏得人員的信任，建立公平
與一致的誘因。

在這個意義上，這三種策略主張構成一種組織架
構，確保企業在擬定與執行策略時，採取全面性的做
法[2]。如果策略不能讓三種主張兼備並協調一致，通常
會以短暫的成功或失敗告終。這是一個許多企業都曾
落入的陷阱。企業若缺乏對策略的全盤了解，很容易
偏重一個或兩個優先的企業主張，而排除其餘主張，
例如致力於追求價值或利潤主張，但是忽視了人員主

311

第9章｜讓策略主張一致化

張，未能將三者調和一致。企業墳場裡充斥著這些前
例。這是執行失敗的典型案例。同樣地，縱使策略具
有激勵人心的人員主張，並具備良好的執行力，但卻
缺乏價值或利潤主張，也難逃策略績效不彰的命運。

在某些情況下，策略主張可能必須顧及到不只一
方的利害關係人。例如，如果員工接受就能讓策略成
功執行，那就只需要一種人員主張；但如果還需要供
應鏈夥伴的支持，就必須提供能強烈吸引合作夥伴支
持這項策略的理由，此時就需要為員工與供應鏈夥伴
分別提供兩種不同的人員主張。同理，在 B2B 的環
境下，企業可能需要兩種人員主張：一種是給企業顧
客，另一種是給企業顧客的顧客。

策略的一致性是企業高階主管的責任，而不是行
銷、製造、人力資源等部門主管的責任。部門色彩強
烈的高階主管通常不能成功扮演好這種重要的角色，
因為他們通常會偏重三種策略的其中一種，而非全
部，因此失去一致性。例如製造部門可能會忽略顧客
的需要，或將人員視為可變成本（cost variable）。同
理，行銷部門可能會專注於價值主張，而不留意另外
兩種主張。無論如何，當三種橫跨整個企業而各異的

主張能發展齊備並調和一致，一項高績效的持久策略
於焉成形。

不論跟隨藍海策略或紅海策略，企業都必須創造
一套一致的策略主張。紅海與藍海真正的分歧在於，
企業在策略主張上如何達成一致性。採取紅海策略的
企業，根據產業狀況，只能在產品差異化或低成本中
選擇一項，進行三種策略主張的一致化。這時，產品
差異化與低成本是產業中互為替代的策略定位。

相反地，在藍海策略之下，當三種策略主張同
時追求產品差異化與低成本，企業就可以藉此達到高
績效。正是這種一致性能同時支持產品差異化與低成
本，因而確保持久而成功的藍海策略（見圖9-1）。一
種或兩種策略還能模仿，但要同時模仿三種策略就很
困難，特別是人員主張，因為它深植於人際關係，需
要時間培養。當外部的利害關係人牽涉其中並且具有
重要地位時，潛在的模仿者要搞定人員主張，必須花
費更多的時間與努力，因此通常會延長一致性策略的
持久性。

圖9-1

達成策略一致性

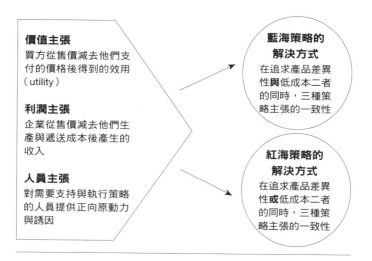

價值主張
買方從售價減去他們支付的價格後得到的效用（utility）

利潤主張
企業從售價減去他們生產與遞送成本後產生的收入

人員主張
對需要支持與執行策略的人員提供正向原動力與誘因

藍海策略的解決方式
在追求產品差異性**與**低成本二者的同時，三種策略主張的一致性

紅海策略的解決方式
在追求產品差異性**或**低成本二者的同時，三種策略主張的一致性

達成策略的一致性

要了解企業如何達成一致性，以產生高績效與持久的藍海策略，讓我們看看英國的籌款慈善團體喜劇救濟（Comic Relief）的做法。喜劇救濟成立於1985年，目前已經大幅超越原有的英國籌款慈善團體，不

但享有最低的成本，也成為英國最有特色的慈善團體。在過度擁擠的慈善產業中，成本不斷上升、需求持續下降，加上大眾對多如牛毛的籌款慈善團體感到迷惑等多種負面因素，喜劇救濟反而迅速達成96%的全國品牌認同度，並且透過激勵傳統的有錢捐贈人到從未捐贈的非捐贈人等所有人，迄今籌募的款項已經超過九億五千萬英鎊。更有甚者，英國慈善團體的基金平均只有45%來自社會大眾（其餘來自政府撥款與企業贊助），喜劇救濟籌募的款項則是100%來自社會大眾，而且沒有行銷費用或郵件勸募費用。經過將近三十年的時間，在喜劇救濟創造的藍海中，至今仍然沒有值得稱道的模仿者。讓我們檢視喜劇救濟是如何透過一致化來達成這種持久而高績效的結果。

在喜劇救濟的案例中，顧客是捐贈人，喜劇救濟需要一種強而有力的價值主張來吸引他們。該機構的利潤主張是關於建立一個將「利潤」極大化的經營模式，對喜劇救濟而言，這種模式是將高於成本的收入做為盈餘，最後捐給慈善團體。人員主張是關於如何為員工、籌款志工、企業夥伴與名人組成的網絡提供正面的誘因與動機。

　　我們來思考一下喜劇救濟與其他英國慈善團體間在價值、利潤與人員主張上的差異。當我們看過這些差異之後，你會發現這三種主張環繞著產品差異化與低成本時，來自其中一種主張的關鍵因素通常會支撐並加強另外兩種主張，進一步創造出強勁且正面的循環。例如，企業組織先利用一種強而有力的價值主張，進而強化利潤與人員主張；或者是在一種強而有力的人員主張上建立強勁的價值主張，進而強化利潤主張，使模仿變得非常困難。以下就是喜劇救濟如何運作價值、利潤與人員三種主張的方式。

價值主張

　　英國傳統的籌款慈善團體在勸募活動中，通常使用悲慘或令人震驚的影像，刺激內疚與憐憫的負面感覺來引發捐贈。他們的焦點是透過一年當中不斷的活動與勸募，確保及表揚來自高收入、受過教育、年長捐贈人的大筆款項。

　　相反地，喜劇救濟一舉消除內疚與憐憫的傳統手法。該機構使用一種稱為「紅鼻子日」（Red Nose Day）的突破性募款方式，這是一個結合假日的社區

> 【三種主張環繞著產品差異化與低成本時，來自其中一種主張
> 的關鍵因素通常會支撐並加強另外兩種主張。】

「樂趣募款」（"fun"draising）活動，人們自願表演各種
滑稽動作來募款，以及由大明星點綴的大型笑劇表演
節目 ——「紅鼻子夜」（Red Nose Night）。忘掉憐憫，
就只是為了錢而做些好玩的事，進而改變這個世界。

　　喜劇救濟的捐贈人不需要捐出一大筆錢。參與其
中不但便宜、簡單，而且也很好玩。人們透過購買紅
鼻子的方式捐贈，這種塑膠製的紅鼻子到處都有賣，
一個只需要花費一英鎊，還會讓你忍不住發笑。迄今
賣出的紅鼻子已經超過六千六百萬個；每個人當天都
會戴上它。或者你也可以贊助你的朋友、家人、鄰居
或同事，透過讓他們做些滑稽可笑動作的方式來捐
贈，在捐錢的同時還可以好好大笑一場。例如，曾有
朋友與同事贊助一位倫敦的旅行社代理人，這位代理
人向來以喋喋不休的話匣子著稱，於是他們一起捐出
五百英鎊，條件是這位代理人必須連續二十四小時不
能說話，最後大家在看著這位話匣子努力不說話時的
痛苦表情笑到人仰馬翻。

　　喜劇救濟以這種獨特的社區募款方式，不但利用
人們喜歡擁有樂趣的心態，同時也針對個人人際關係
著手，這不是一些你不認識的人向你募款，如其他多

數慈善機構的做法；而是一位朋友、你愛的人，或是你關心的公司同事，讓你想要支持他們。

不像傳統的慈善團體，即使是微不足道的捐贈，喜劇救濟也十分珍惜與表彰，例如，當「紅鼻子夜」解釋一位小女孩捐出「她口袋裡所有的錢」，一共一‧九英鎊，這份慷慨捐贈足以餵飽七個非洲孩童時，人們就知道他們的每一分錢都很重要，而且會引起作用，就算是貧窮的人與年幼的兒童也行，這種方式為人們開啟了一扇大門，讓捐贈者體認即使是他們也能做出重要的捐贈，並且在「改變世界」（changing the world）的壯舉中有所貢獻。

傳統的慈善團體勸募方式，是每年持續不斷地向固定的基礎支持者勸募；喜劇救濟卻是聚焦於每兩年才舉辦一次這種獨特的體驗，以避免讓人厭煩或不得安寧。與其讓捐贈人感到疲勞倦怠，如其他慈善團體年中無休的疲勞轟炸，人們實際上更興奮期待下一次紅鼻子日的來臨，現在這個日子幾乎已成為英國公認的國定假日。

最後一點是喜劇救濟將百分之百勸募來的基金都捐贈出來，同時該機構鄭重承諾，不會動用到基金任

何一部份以支付固定成本或營運費用，與一般英國慈善團體的傳統做法截然不同。這種透明度讓那些常常懷疑基金究竟有多少百分比是真正捐作慈善用途的人士釋疑。這些做法的結果，產生了一種價值主張，不僅有趣、興奮，而且讓捐贈人能以小額捐贈來產生佷大的作用。換句話說，這是一種具有產品差異化與低成本的方式，讓所有的人都負擔得起，從最年輕到最年長以及從低所得到高所得一體適用。

利潤主張

喜劇救濟是如何籌募到龐大金額與正常運作，同時又能維持鄭重承諾？該機構是透過將一種強而有力的價值主張與另一種無法擊敗的利潤主張進行互補，同時以低成本結構與產品差異化的方式產生基金。

傳統的慈善團體以若干方式從不同的來源以籌募基金，像是撰寫撥款提案給政府、信託或者基金會；為有錢且有影響力的人士與企業舉辦募款社交活動；直接透過郵件或電話直銷募款；以及經營慈善商店。幾乎所有的這些活動都牽涉人員、管理、行政的固定成本，還可能有租金或購買設備的費用。

　　相反地，喜劇救濟消除所有這些活動，不將時間與金錢投入昂貴的募款社交活動、不向政府或基金會寫信申請撥款，也不經營慈善商店。相反地，喜劇救濟運用現有的高級零售通路，包括超級市場乃至於流行服飾店等等，銷售小小的紅鼻子。同時因為喜劇救濟會撥款給其他慈善團體，而不是在一個已經過度擁擠的市場中推出競爭性的活動，使得管理該機構籌募的基金成本戲劇化地降低。據估計，喜劇救濟將傳統的慈善團體募款營運成本削減75%以上。

　　喜劇救濟得以維持低成本的原因，來自於他們獨特的募款方式。喜劇救濟了解到：透過社區的「樂趣募款」，而不必再催促捐贈人捐錢，正是將捐贈人拉進來的原因。同時，由於人們透過與其他贊助人從事滑稽動作，而自願進行大部份的募款活動，使慈善團體的人事成本變得非常低。這與傳統的慈善團體募款活動全都是隨機與難得一見的情況相反，喜劇救濟將焦點集中於社區募款，使其成為系統化與主要的募款管道。

　　傳統的慈善團體傾向聚焦於有錢的年長捐贈人，「紅鼻子日」是透過大量的小額捐款而將募款對象鎖定

社會大眾。在「紅鼻子日」當天，許多平凡人會做出許多不凡的事而募集大量的資金，而且都是為數不少的小額捐款。

還有「紅鼻子夜」，一個有大明星點綴的大型笑劇表演秀，藉由讓觀眾發笑而籌募慈善捐款，重點是不用花一分錢，所有參與人都是免費提供服務（包含電視台、攝影棚、明星）。不像傳統的慈善團體，在過度擁擠的市場中從事成本高昂的行銷以求脫穎而出，喜劇救濟避開大量的廣告成本，這要感謝廣大的媒體關注以及口耳相傳的廣告，一切都是拜紅鼻子日的興奮所賜。

為了協助喜劇救濟實現鄭重承諾，企業夥伴會以現金或以免費服務的方式負擔營運成本。整體的結果是喜劇救濟不但有強而有力的價值主張，而且也有產品差異化與低成本的利潤主張。

人員主張

在喜劇救濟的活動裡，所有參與人都贏，不僅僅是那些接受他們幫助的人。透過喜劇救濟價值主張的激發，除了機構內部少數幾位深受激勵的工作人員，

喜劇救濟的人員主張聚焦於激勵募款志工、企業贊助人以及名人，有了他們的支援，就能使價值與利潤主張得以持久。

因此喜劇救濟從創造一個合理的平台「紅鼻子日」開始，為了募款目的，而讓所有自願者在一段活潑好玩的時間裡都變得有點瘋狂。下一步喜劇救濟讓參與變得更容易：網站上提供各式各樣的滑稽點子，讓你發揮想像；各種有趣的動作與提示，讓你認識的人更願意贊助你。透過參與及成為募款演員，人們贏得朋友、家人與同事的尊敬，同時因為參與這個讓世界變得更好的活動而自豪。

在達成這個目標的同時，喜劇救濟也保存志工最重要的資源──時間。參與喜劇救濟不需花你很多時間，因為你每兩年才做一天的傻事。喜劇救濟透過這種方式創造強而有力、低成本的人員主張，激勵全英國人民自願為喜劇救濟募款。傳統的慈善團體與此相反，志工可能覺得厭煩，因為人們通常打心裡覺得他們的幫忙是種犧牲。

喜劇救濟這種低成本與產品差異化的人員主張也延伸到企業與名人。只有這種情況下，除了一般公民

在自願情況下獲得的好處外，贊助的企業與參與活動
的名人能在全英國免費得到驚人的知名度。那是因為
喜劇救濟的產品差異化、低成本的價值主張引發龐大
的免費媒體報導，包括超過兩百個小時的電視新聞、
數百個小時的收音機報導，以及超過一萬條的新聞報
導。結果是喜劇救濟不必乞求企業贊助或名人參與。
相反地，企業與名人還渴望自願贊助與參與，協助喜
劇救濟實現鄭重承諾，將捐款百分之百用於慈善，創
造出全部人都贏的局面。如喜劇救濟案例所說明的，
環繞著產品差異化與低成本與一致化的價值、利潤、
人員主張，創造出威力強大、相互加強的綜合效益，
以及所有人雙贏的局面。

案例：後繼無力的國民汽車

　　適當一致化的藍海策略（例如喜劇救濟）擁有與
生俱來的持久性，因為模仿起來很困難。在一些案例
中，如果沒有適當地一致化，即使是一個強而有力的
藍海策略理念，加上進入市場時讓人印象深刻，吸引
力可能仍然無法持續。接著不是掙扎地想回到原先的
勢頭，就是最後以失敗告終。這就是為什麼有那麼多

新的創意在開創新市場初期會讓人感到興奮，但最後卻宣告失敗。以印度塔塔汽車公司（Tata）的迷你車Nano為例。Nano問世時，被譽為國民汽車。當時這種車款受到媒體關注的情況遠超過全球任何車款。同時也達成世界汽車史上最大的期初銷售量。Nano於2009年3月正式推出時，兩週內就湧進超過二十萬輛的訂單。

這種車款的價值主張擁有藍海策略的品質證明。塔塔汽車公司以橫跨四輪小客車市場與二輪車市場推出Nano，重建關鍵的買方價值因素。就像是一般的小客車，Nano為印度家庭提供一種安全、舒適、可靠、足以應付所有天氣狀況的運輸工具。當時Nano的定價遠低於汽車，只有相當於二輪車市場的價位，因為絕大多數的印度家庭都仰賴二輪車做為日常的運輸工具。以這種方式，Nano的價值主張提供買方產品差異化與低成本，使得這種車款成為大多數印度人第一次買得起的汽車。

接著，塔塔汽車公司以強而有力的利潤主張，搭配強而有力的價值主張。在塔塔汽車公司董事長雷登‧塔塔（Ratan Tata）指導下，Nano團隊推出一系

列在設計、製造、行銷、維修上的成本創新，導致一種兼具差異化與低成本的利潤主張。例如Nano使用一種結合後輪驅動的後置二汽缸引擎，不但降低成本，同時也提供較佳的燃料效率與更大的內部空間，而且不需要加大汽車尺寸。Nano的二汽缸引擎是鋁製的，非傳統的鋼製引擎，因此重量較輕、製造成本較低，也提供較佳的燃料效率。同時也大幅簡化零組件；例如，將車門把手的零件數目減少百分之七十。

不過當Nano團隊在利潤主張中消除不必要的奢華特色時，發現降低成本並不適用所有的人。例如，將Nano設計成雙門汽車能夠節省顯著的成本，但對典型的多世代印度家庭會造成極大的不便，因為穿著印度傳統服飾的祖母會很難坐進後座，所以不採納雙門設計。以這種方式，Nano降低成本的努力，不但沒有使價值主張讓步，反而更加強了價值主張，並與產品差異化與低成本的利潤主張產生良好的一致性。

不過，強而有力的價值主張加上可行的利潤主張，Nano車款初期的成功還是未能持久，最後低於銷售目標與公眾的期待。是什麼地方出了錯？經過仔細觀察顯示，這種失敗大半來自人員主張，與塔塔汽車

公司仰賴合作的外部利害關係人是主要的弱點所在。
即使是在該公司的商譽與好意之下，塔塔汽車公司仍
未能確保與西孟加拉省辛格烏爾（Singur）社區的合
作，他們原本計畫在此建立製造廠房。爭執的焦點在
於租賃可耕地做為工業用地、談判過程，以及當地社
區地主補償金的水準。這種不能一致化的問題導致
Nano大規模的廠房遷移，也傷害了Nano初期的成功。
雖然塔塔汽車公司已經更換新的經營團隊，企圖使
Nano起死回生，但是不能讓主張一致化而導致負面的
績效，這就是個很好的例子。

　　要產生一個高績效與持久的藍海策略，你必須提
出以下的問題。你的三個策略主張在追求產品差異化
與低成本時是否一致？你是否找出所有的關鍵利害關係
人，其中包括有效執行你的藍海策略時將會仰賴的外
部人士？你是否已經為這些人發展出強而有力的人員主
張，確保他們受到激勵，並能支持你執行的新理念？

案例：把主張拼湊在一起

　　在數位音樂市場的Napster與蘋果公司的iTunes，

提供我們把這些主張拼湊在一起的絕佳案例：兩項策略性行動，雙方都尋求以數位音樂創造與捕捉無人競爭的市場空間。Napster明顯擁有第一個進入市場的優勢，擁有超過八千萬個註冊用戶，同時也因Napster的價值主張而廣受喜愛，但是該公司的策略最後宣告失敗。Napster欠缺持久性。相反地，iTunes達成持久的成功，雙方都在數位音樂的藍海中佔優勢與成長。基本上區分這兩種策略性行動的結果是一致性。

由於缺乏全盤考量的策略，Napster敗在未能將外部的人員主張一致化，讓外部的合作夥伴支持該公司開啟數位音樂市場的價值。當時擁有版權的唱片公司與Napster公司接洽，希望為數位音樂的下載設計一種分享收入的模式，為雙方創造雙贏局面。Napster錯過了這項提議。Napster驚人的成長讓該公司沖昏了頭，未能了解該公司需要外部的人員主張，此種主張為Napster的關鍵夥伴，也就是唱片公司，提供產品差異化與低成本。此外，Napster不但沒有建立一種強而有力的人員主張，與唱片公司達成雙贏的安排，甚至還採取戰爭模式，宣稱不論有沒有唱片公司的支持都將繼續拚到底。剩下的都成為歷史：Napster由於侵權被

迫關閉。此舉使得Napster永遠無法發展從龐大用戶身上獲益的利潤主張。缺乏策略的一致性，Napster的成功只是曇花一現。

相反地，蘋果公司創造一整套成熟且一致化的策略主張。該公司為消費者建立強而有力的價值主張，為外部夥伴大型唱片公司建立強而有力的人員主張，使得蘋果公司獲得五大唱片公司（BMG、EMI集團、新力、環球音樂集團、華納兄弟）的支持。與iTunes合作後，唱片公司從每首下載的音樂售價中分到70%，為蘋果公司與合作夥伴創造了雙贏的主張。同時自從蘋果公司iTunes興起後，也帶動原本已經炙手可熱的iPod的銷售量，iTunes將公司的利潤主張翻漲了數倍，創造出橫跨這兩個平臺並相互強化的利潤循環。結果：橫跨iTunes的價值、利潤與人員主張的一致化將音樂引領至一個新時代，使蘋果公司在數位音樂創造、捕捉、掌控到一個新的市場空間。

你對策略是否有全盤的了解？你的策略是否已經充分發揮，並且為持久的成功而讓三種策略主張一致化？你的公司策略能否繼續成功將仰賴這一點。

這將我們的討論帶到藍海策略的最後一個原則，也就是下一章要探討的重要問題 —— 如何持續更新藍海。

第10章

更新藍海

提高模仿障礙以阻擋競爭者跟進，

並適時重啟價值創新，

就能規避更新風險（renewal risk），

讓企業持續開創全新市場。

　　創造藍海是一個動態的過程，不只是靜態的完成
而已。一旦某家企業創造出一個藍海，強大的獲利績
效很快就會人盡皆知，模仿者遲早都會現身。這裡的
問題是：模仿者將多早或多晚出現？模仿一種藍海策
略很簡單還是很困難？換句話說，模仿有哪些障礙？

　　當這家企業與早期的模仿者獲得成功並且擴大藍
海之後，就會有愈來愈多的公司跳進來，最後將大海的
顏色轉變成紅色。這就引出一個相關的問題：企業應該
何時更新單一產品或多項產品組合的業務方向，以創造
另外一個藍海？在本章中，我們提出模仿（imitation）
的問題，並且透過回答這些問題，探討藍海策略的更
新。了解更新的過程是關鍵所在，以確保藍海的創造不
是一次性的偶發事件，而是制度化地成為企業組織中一
種可以複製的程序。

模仿障礙

　　挾帶大量模仿障礙的藍海策略可以有效延長持
久性。這些障礙從一致化、認知、組織性、品牌，到

> 挾帶大量模仿障礙的藍海策略可以有效延長持久性。這些障礙從一致化、認知、組織性、品牌，到經濟與法律障礙不等。

經濟與法律障礙不等。通常一種藍海策略即使歷經多年都不會有足以匹敵的挑戰者。太陽劇團的藍海已經延續二十年以上；喜劇救濟接近三十年；蘋果公司的iTunes目前也已經超過十年。這份名單繼續從法國德高公司，直覺公司的Quicken，到Salesforce.com。這種耐久性可以回溯到以下的模仿障礙：

一致化障礙

就像是第九章討論過的，將價值、利潤與人員三種策略主張整合成一種環繞產品差異化與低成本的體系，進而建立持久性，形成強大的模仿障礙。

認知與組織性障礙

依據傳統的策略邏輯，某種價值創新看起來不合理。例如，當CNN開播時，美國三大電視網（NBC、CBS、ABC）紛紛嘲笑這種每天連播二十四小時、每週七天，欠缺明星主播的即時新聞理念。CNN被新聞業戲稱是「雞蛋麵新聞」（Chicken Noodle News）的英文縮寫。這種嘲笑不會激發迅速的模仿，因為它創造一種認知上的障礙。此外，因為模仿通常需要企業大

幅度修改現有的經營做法，組織性的辦公室政治通常就會開始運作，造成公司承諾模仿藍海策略的腳步延宕多年。例如西南航空創造以空中旅行的速度，搭配相當於開車的成本與彈性，要模仿這種藍海策略，意味的是其他航空公司必須大幅修改航班、重新訓練員工，也要改變行銷與機票定價，更甭提對企業文化進行重大的組織改造，難得有幾家公司的內部政治能夠在短期內承受得住。

品牌障礙

　　品牌形象的衝突，也使得企業難以模仿某種藍海策略。例如美體小舖的藍海策略：避免啟用美麗的模特兒、承諾永久性的美麗與年輕與昂貴的包裝。這種策略多年來讓全球各化妝品公司束手無策，因為一旦模仿，就代表他們承認現有的經營模式是無效的。同時當某家公司提供三級跳的價值時，該公司會迅速贏得品牌口碑與市場中的忠實顧客。即使某家激進的模仿者花費大量廣告預算，也很難取代價值創造者贏得的品牌口碑。例如微軟公司多年來試圖趕走直覺公司的Quicken。經過近三十年的努力與投資，微軟終於認

> 【當某家公司提供三級跳的價值時，該公司會迅速贏得品牌口碑與市場中的忠實顧客。】

輸，在2009年關閉與之競爭的部門Microsoft Money。

經濟與法律障礙

當市場規模不足以支持另一個對手時，天然的獨佔性就阻擋了模仿。例如比利時一家名為Kinepolis的電影院公司三十年前設立歐洲第一家超級多廳電影院，雖然非常成功，但是多年來在布魯塞爾都無人模仿。原因是布魯塞爾的規模不足以支持第二家大型影城，這麼做只會使Kinepolis與模仿者兩敗俱傷。此外，透過價值創新產生的龐大交易量會帶來快速的成本優勢，使模仿者陷入持續的成本劣勢。例如沃爾瑪使其他模仿藍海策略的公司倍受挫折。網路的外部性也會阻擋其他公司輕易模仿藍海策略，就像推特在社交媒體享有的地位。簡言之，網站有愈多用戶上線，該網站通常對所有用戶就愈具吸引力，創造出一種讓人們不願轉換至另一家潛在模仿者網站的誘因。除了這些經濟因素外，專利權或法律許可也阻擋著模仿，因為他們給與價值創新者合法的獨佔權。

圖10-1提供了這些模仿障礙的概況。如該圖顯示，這些障礙為數眾多而且非常重要。這就是為什麼

在許多產業中，雖然模仿的速度因產業而異，但是創造藍海的公司在許多年裡都不用面對像樣的挑戰。

單一業務與多項業務的更新

不過，幾乎每一種藍海策略到最後都會被模仿。當模仿者嘗試在一家企業創造的藍海分一杯羹時，這家企業典型的作法是發動攻擊以保衛辛苦贏來的顧客基礎。不過模仿者通常會堅持下去。由於迷戀市場佔有率，這家企業傾向陷入競爭的陷阱裡，爭著擊敗新的競爭。隨著時間的過去，競爭（而不是顧客）佔據該企業策略思想與行動的中心。如果一家企業在這種路線持續下去，策略輪廓或價值曲線將開始與那些競爭對象靠近。要避免競爭陷阱，需要的是更新。這裡的問題是：單一業務的企業應該在什麼時候再度創造價值？還有，當競爭升溫時，就藍海的角度而言，擁有多項業務的企業要如何更新各項業務的組合？

圖 10-1

藍海策略的模仿障礙

一致化障礙
● 三種策略主張（價值、利潤、人員）的一致化，整合成一種環繞產品差異化與低成本的體系，進而建立持久性，形成強大的模仿障礙。

認知與組織性障礙
● 依據公司傳統的策略邏輯，價值創新看起來不合理。
● 模仿通常需要大幅度組織性的改變。

品牌障礙
● 藍海策略可能與其他公司的品牌形象有所衝突。
● 價值創新的公司贏得品牌口碑與忠實顧客，傾向避開模仿者。

經濟與法律障礙
● 市場規模不足以支持第二家競爭對手，因而形成天然的獨佔性。
● 龐大交易量帶來快速的成本優勢，阻擋模仿者進入市場。
● 網路的外部性阻擋模仿者。
● 專利權或法律許可阻擋模仿者。

個別業務層級

要避免個別業務層次的競爭陷阱，監控策略草圖上的價值曲線是第一要務。監控價值曲線的信號以決

定何時進行價值創造與何時不這麼做。當企業的價值曲線開始與競爭者靠近時，就可以警告該企業前進到另一個藍海。

當目前的產品仍然可以收取大量的利潤時，這種方法也可以避免企業過早追求另一個藍海。當一家企業的價值曲線仍有聚焦、差異性、深具吸引力的標誌時，該企業應抗拒再度價值創新的誘惑，相反地，該企業應該透過改進營運與地域擴展而達成經濟規模與市場涵蓋度的最大化，聚焦於延長、放寬、深化收入來源。該企業應該在藍海中游得愈遠愈好，使該企業成為一個移動中的目標，將自己遠離初期的模仿者，並且在過程中阻礙他們。這裡的目標是盡可能的留在藍海中愈久愈好。

當競爭增強與總供給超過需求時，血腥競爭開始將藍海變成紅海，隨著競爭者的價值曲線靠近，該企業就要開始前進到另一個價值創新，創造一個新的藍海。因此，透過在策略草圖上畫出該企業的價值曲線，並且三不五時地重新繪製競爭對手與本身的價值曲線，該企業就能觀察模仿的程度以及價值曲線的靠近，與何時會到達將藍海變成紅海的地步。

例如，美體小舖掌控該公司創造的藍海已經超過十年，不過該公司現在已經身處血腥的紅海之中，業績表現持續下滑。當競爭者的價值曲線與該公司靠近時，美體小舖沒有前往另一個價值創造。黃尾袋鼠葡萄酒同樣也主宰該公司創造的藍海達十年以上，而且還繼續成功地向全球進軍。該公司讓競爭變得無關緊要，因此享有強勁的獲利成長。不過現今已有數不清的其他對手紛紛跳進這個藍海的新市場空間。在模仿者能積極有效的競爭與將價值曲線靠近之前，卡塞拉酒廠是否能繼續維持長期的獲利成長，端視再度價值創造的能力。其他像是太陽劇團與曲線之類的公司，現在也到了該前進到一個新的藍海的時候了。因此，關鍵在於了解如何管理持續更新的動態過程。

案例：更新再更新

　　要說明這種動態更新過程，Salesforce.com就是個很好的例子。Salesforce.com在B2B顧客關係管理（customer relationship management, CRM）市場進行一系列策略行動，成功更新該公司的藍海。自2000年代初期該公司首次策略行動後，Salesforce.com在隨選部

署顧客關係管理自動化（on demand CRM automation）的藍海裡，持續享有約十五年無可撼動的市場領導地位。這在進展迅速的高科技市場中是個難得一見的例子。多年來數不清的大小競爭對手，其中不乏挾著大筆資金的業者，想要打進這個市場而將Salesforce.com逐出市場，但是Salesforce.com在其他公司的價值曲線開始接近時，會再度進行價值創新，因而屢次擊敗競爭對手。Salesforce.com就是以這種方式成功避免競爭陷阱，繼續維持藍海。

2001年，Salesforce.com重新定義傳統的顧客關係管理軟體產業，有效地讓絕大部分的傳統套裝軟體變得不合時宜。對昂貴軟體的需求、複雜與耗時的客戶端裝設、使用時的困難與風險、高成本的維護與升級都成為歷史。相反地，Salesforce.com提供企業用戶以網路為基礎的顧客關係管理解決方案，針對核心功能，在訂購後可立即運作，具有高度可靠性與可用性，隨時隨地都可使用，而且成本只要傳統顧客關係管理的一小部分。Salesforce.com以這種方式創造全都是新需求的藍海，捕捉到產業裡過去實際上都屬於非顧客的中小型公司。

> Salesforce.com在其他公司的價值曲線開始接近時，會再度進行價值創新，因而屢次擊敗競爭對手。

不過隨著時間的過去，競爭對手紛紛跳進Salesforce.com創造的隨選部署顧客關係管理自動化的新市場裡攫取利潤。大型的競爭對手提供混裝拼湊的解決方案，小型對手則嘗試以類似產品進入隨選部署顧客關係管理自動化市場。為了從競爭中突圍，Salesforce.com採取一項新的藍海策略行動，更新最初的價值創新產品。

Salesforce.com推出以雲端為基礎的開發工具，創造附加的應用軟體Force.com；以及以網路為基礎的商業應用軟體AppExchange，使企業客戶能以低成本獲得一系列隨選部署的客製化程式，這些新軟體不但維持原有產品的簡單、方便、可靠與低風險，也同時達成產品差異化與低成本。

為了阻礙模仿與進一步深化競爭者覬覦的藍海，Salesforce.com更透過推出Chatter延伸價值曲線，這種私人社交網路服務，可讓同一家公司內部的同事以即時發送、接收、跟上更新的資訊，因而擴展合作與解決「碎片化」（fragmentation）的問題，一舉改善過去困擾顧客關係管理系統的執行與使用問題。Salesforce.com不但藉此維持價值曲線與其他對手的距離，同時

也持續擴展藍海規模，由於該公司連續的價值創造行動，現在大企業也熱中採用以網路為基礎的隨選部署顧客關係管理應用軟體。

擁有多元化業務的企業層級

如前所述，處理單一產品公司的更新問題，是在策略草圖中三不五時的繪製該公司與競爭對手的價值曲線；但是對於擁有多元化業務的公司，需要的是一種互補的工具，因為負責企業策略的高階主管應該從整體企業的角度，監督與規劃企業產品組合的更新。第四章介紹先驅者－移動者－安定者圖表的動態延伸就是個很好的工具，我們可以透過捕捉一段時期內一家企業的產品組合，在一張圖表中繪製與觀察該企業產品組合的移動。

透過在動態的PMS圖表中，分別以先驅者、移動者、安定者繪製企業的產品組合，高階主管可以一眼看出目前哪裡是企業產品組合的重心，這種情況如何隨著時間的過去而改變，以及何時需要創造一個新的藍海以更新產品組合。如第四章解釋過的，安定者是有樣學樣的業務，移動者代表價值改善，先驅者是公

司的價值創造。安定者是當下的現金創造來源,通常成長潛力很有限;先驅者具有高度成長的潛力,但是在開始擴張時通常會消耗現金;移動者的獲利成長潛力則是介於上述兩者之間。

案例:蘋果的各種組合

因此要將未來的成長最大化,在任何特定時點,公司的產品組合中(為了未來成長的先驅者以及為了現金流量的移動者、安定者之間)都應該有健康的平衡。不過隨著時間的過去,在模仿開始與加劇之後,公司目前的先驅者最後將會先後變成移動者與安定者。要維持強勁的獲利成長,高階主管需要確保當目前的先驅者變成移動者時,公司著手開始一個新的藍海,不是透過將現有業務改頭換面就是透過推出新產品。在這個方面,想想蘋果公司的做法。

圖10-2將蘋果的產品組合描繪在一張動態的PMS圖表上。一系列的藍海策略行動導致蘋果公司在十年內成為最讓人羨慕與最有價值的企業。iMac、iPod、iTunes Store、iPhone是由不同的業務部門創造,服務不同的產業,然而它們分享共同的策略做法 —— 重建

圖10-2

在動態的PMS圖表上的蘋果公司業務產品組合

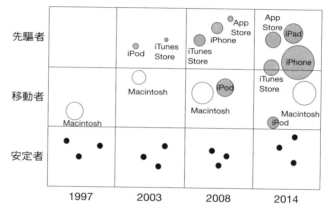

- 附有產品名稱的圓圈與尺寸大致上代表蘋果公司主要業務的相對收入，那些沒有名稱的黑點僅代表蘋果公司的週邊產品與服務，不代表相對收入。
- Apple Store雖然在零售業也被視為藍海，但並未畫上，因為銷售量已經顯現在所有畫上的產品中。

現有市場與創造新需求。雖然這些策略行動是由個別部門規劃與執行，但都是蘋果公司以公司層級規劃與精心策畫企業產品組合。

如圖10-2所見，蘋果公司成功維持先驅者、移動者、安定者之間的平衡，即使先驅者喪失原先的地

位，蘋果公司仍然維持強勁的獲利成長。達成這個成果的方法是當先前的先驅者遭到模仿後，就推出新的藍海業務。跨越時間來觀察蘋果公司的產品組合，該公司初次的大幅獲利成長是 1998 年，當時蘋果公司大幅簡化麥金塔（MacIntosh）系列產品並推出價值創新的 iMac，這是第一部彩色而友善的桌上型電腦，使連接網際網路的工作首次變得容易。iMac 名副其實地會讓人微笑，同時也將時尚與美學引進電腦。當 iMac 將蘋果公司麥金塔部門轉型至高層的移動者後，蘋果公司很快地掌握這點而推出 iPod。iPod 將數位音樂市場革命化，創造一個沒有競爭的藍海，在兩年後推出 iTunes 音樂商店之後獲得更進一步的強化。iPod 最後遭人模仿並降至移動者的地位，蘋果公司出手而開啟另一個藍海 ──iPhone。

蘋果公司在往後的時間裡繼續推出後續的藍海，包括該公司的應用軟體商店（app store）與 iPad，確保當別人開始入侵該公司創造個別業務的藍海時，該公司仍能攫取整個公司層級的大幅成長。動態的 PMS 圖表也明確的表達出，蘋果公司不是僅止於藍海，其他公司的產品組合也是如此。擁有多元化業務組合的

公司，例如蘋果公司、奇異電器、嬌生、寶僑，在任何特定時點都有同時在藍海與紅海游泳的必要，才能在公司層級的兩個海洋中成功。這代表企業也需要了解與應用以競爭為基礎的紅海策略原則。例如，一旦蘋果公司的iPod開始遭到模仿時，為了反制競爭，該公司迅速推出各種價位的iPod延伸產品，包括iPod mini、shuffle、nano、touch等。此舉不但防止競爭對手輕易的瓜分市場，同時也擴展該公司創造的藍海規模，使得蘋果（而非對手）捕獲這個新市場空間的絕大部分。到了iPod的藍海擁有更多模仿者而變成過度擁擠之時，蘋果公司就以iPhone創造另一個藍海。

蘋果公司以這種方式成功管理公司層次的產品組合，達成強勁的利潤成長。蘋果公司未來的挑戰在於當目前的先驅者最後都變成移動者與安定者時，該公司是否能持續更新產品組合，使該公司在當下的獲利與未來的成長之間維持健康的平衡。這種情況正是過去數年微軟面臨的挑戰。微軟雖然擁有相當強勁的利潤，但是未能在橫跨先驅者、移動者、安定者維持健康的平衡。雖然微軟知道如何在安定者業務上競爭與獲利，但是微軟沒有推出新的先驅者。不論是Google

搜尋引擎、Facebook社交網路、Wii電視遊樂器，或是推特等公司，都更新了企業產品組合。微軟卻極度仰賴處於安定者業務的Office與Window，並佔據該公司產品組合的絕大部分，這種情形已經懲罰微軟，姑且不論利潤，微軟的股價已經十年以上沒有表現，更重要的是該公司已經失去對高級人才的吸引力。微軟要走出低迷，就必須努力創造橫跨業界並且建立更平衡的產品組合，使微軟不僅在紅海競爭，同時也能創造藍海，包括更新、擴展與建立品牌價值。

本書中建議的八項藍海策略原則，應該做為每家公司思考未來策略的基本指標，並在藍海策略的激發下，於這個過度擁擠的企業環境中居於領導地位。這不是建議企業將突然停止競爭或是競爭會忽然停止。相反地，將有更多的競爭迎面而來，同時也是市場現實的關鍵因素。如動態的PMS圖表所捕捉的，紅海與藍海策略是相輔相成的策略觀點，分別提供不同與重要的功能以達成目的。

因為藍海與紅海永遠都是同時存在的，現實的環境要求企業同時在藍海與紅海成功，並且同時精通藍海與紅海策略。本書的目標是在幫助企業在二者之間

達成平衡，使得規劃與執行藍海策略能成為系統化與具體行動，如同在已知的紅海市場空間裡競爭一般。

第11章

避免紅海陷阱

人們容易受過去背景知識影響，

用舊有觀念去詮釋藍海，

以致落入紅海陷阱（red ocean trap）。

透過本章的實務探討，

希望企業能從中汲取經驗，

正確應用藍海策略。

　　在本書初版中，我們專注的是藍海策略的定義，並提供架構與分析工具，諸如策略草圖、四項行動架構、六大途徑等，創造具有商業重要性的全新市場。與此同時，我們對藍海策略的清晰程度感到放心，認為應該能避免讓沉浸本書的讀者有所誤解。不過後來幾年裡，我們發現過去的假設不太正確。人們的思考模式受到過去的背景與知識影響，經常會用舊有觀念去詮釋藍海策略，一不小心就落入紅海的陷阱裡。為此，我們特別找出十個常見而不利於創造藍海的紅海陷阱。

　　了解紅海陷阱非常重要，這些陷阱在實務上都具有重要含義。如果有其中任何一個紅海陷阱在你的企業中抬頭，就把它打垮。在創造藍海時，你的架構必須要正確，觀念是成功的關鍵。那些根深柢固的心態遠超過你能體會的程度，因此我們列出十個紅海陷阱做為增訂版的結尾。雖然你的企業嘗試駛向正確方向，這些陷阱卻會把你的企業困在紅海。要從藍海策略的方法與工具獲得最大效益，精確了解並支持藍海策略的觀念是第一要務，如此才能引導企業正確應用藍海策略。

【 人們的思考模式受到過去的背景與知識影響，經常會用舊有
觀念去詮釋藍海策略，一不小心就落入紅海的陷阱裡。 】

第一個紅海陷阱：
認為藍海策略是顧客導向的策略

　　藍海策略分析家在深入了解有關重建市場邊界
後發現，重點不是專注現有顧客，而是「開闢非顧
客」。當企業組織錯誤假定藍海策略是受顧客引領的
策略，他們的反射動作就是聚焦在他們一直聚焦的現
有顧客上，以及如何讓他們更快樂。在改善現有顧客
價值的路上，這種觀點可能散發出一些真知灼見，但
這絕非創造新需求之道。要創造新需求，企業必須將
焦點轉向至非顧客，同時了解他們為什麼拒絕成為你
的顧客。那些非顧客才是掌握整個產業痛點的最高智
慧，也成為限制你的產業規模與邊界的嚇阻點（point
of intimidation）。這就是為什麼創造新需求、分析與了
解「非顧客」的三個層次成為藍海策略不可或缺的部
分。相反地，聚焦於現有顧客通常會導致企業組織事
倍功半，因而使企業在紅海內拋錨，違背他們原先前
進藍海的意願。

第二個紅海陷阱：
認為開創藍海必須在核心產業外冒險

　　有種常見的錯誤認知，為了要創造藍海與突破紅海，企業必須在他們核心以外的產業冒險，這麼做顯然會使風險倍增。同時也只有少數幾家企業辦得到。維京集團是個經典例子，蘋果公司近年來從電腦製造商轉型成為消費性電子與媒體巨人。不過這些例子純屬例外，不是慣例。藍海必須很容易或隨時能從企業的核心業務中直接創造出來。

　　想想卡塞拉酒廠的黃尾袋鼠葡萄酒在釀酒業的表現，任天堂的Wii遊戲機，克萊斯勒的廂型車（minivan），蘋果的iMac電腦，飛利浦在專業照明產業的ALTO，甚至是紐約市警察局執行勤務採用布萊登的藍海策略。所有這些例子都來自現有產業的紅海內，絕非遠離現有產業。這種現象駁斥了新市場只存在於遙遠水域的觀點。在每個產業中，藍海就在你身邊。了解這點是個關鍵。當一些企業錯誤地認為必須在遠離核心業務的領域冒險才能創造藍海時，這些企業不是避免在遠離紅海之處冒險，就是相反地在他們

> 【 買方喜愛這些藍海產品並不是因為產品本身涉及最尖端的科技，而是因為它們讓科技從買方的心裡消失無蹤。 】

缺乏知識、技巧、能力的其他產業冒險，這樣一來會使他們更難成功，而且錯誤的嘗試會將他們繼續鎖定在紅海裡面。

第三個紅海陷阱：
認為藍海策略與科技創新有關

藍海策略的行動本質上不是關於科技創新。想想喜劇救濟、黃尾袋鼠葡萄酒、法國德高公司與星巴克，這些企業進行藍海策略的行動都不牽涉最尖端的新科技。即使是牽涉大量科技的情況，像是Salesforce.com、直覺公司的Quicken軟體、蘋果iPhone，買方喜愛這些藍海產品並不是因為產品本身涉及最尖端的科技，而是因為它們讓科技從買方的心裡消失無蹤。這些產品或服務非常簡單、易於使用、有樂趣，使得買方愛上它們。因此科技不是關鍵的特色。你能用科技創造藍海，也可以不用科技創造藍海。不過當涉及科技時，關鍵是要將科技聯繫上價值。試問：你的產品或服務如何在生產力、簡單、容易使用、便利性、樂

趣，以及環境友善（environmental friendly）三級跳？
如果缺乏這些特色，即使擁有最尖端的科技，也無法
開啟一個具有商機的藍海。

價值創新開啟商業上令人抗拒不了的新市場，並
非科技創新。當企業錯誤假定藍海策略的關鍵在於新
科技時，該企業的產品或服務通常不是充斥市場、太
複雜，就是缺乏一個相輔相成的生態系統幫忙打開新
的市場空間。

第四個紅海陷阱：
認為開創藍海必須第一個進入市場

藍海策略不在於第一個進入市場，確切來說應該
是第一個正確將創新與價值連結的企業。我們在此只
需要以蘋果為例。iMac不是第一部個人電腦，iPod不
是第一台MP3播放機，iTunes不是第一家數位音樂商
店，iPhone當然也不是第一台智慧手機，iPad自然也
不是第一台智慧平板電腦。但是這些產品全都成功地
將創新與價值連結。錯誤假定藍海策略應該是第一個

> 藍海策略不在於第一個進入市場，確切來說應該是第一個正確將創新與價值連結的企業。

進入市場的企業通常搞錯優先順序。他們在無意中將速度置於價值之上。雖然速度很重要，速度本身不會打開一個藍海。企業墳場裡充斥著第一個進入市場但產品的創新與價值卻缺乏連結的公司[1]。要避開這個陷阱，企業必須持續清楚地了解，雖然速度很重要，但是更重要的是將創新與價值連結。在到達價值創新前，任何公司都不能高枕無憂。

第五個紅海陷阱：
認為藍海策略等於差異化策略

在傳統的競爭策略下，要達成產品差異化，企業要以較高的成本提供高級價值，並向顧客收取較高的價格。想想賓士汽車的案例。產品差異化是種策略性選擇，反映的是在現有的市場結構下「價值／成本抵換」。相反地，藍海策略是關於打破價值－成本之間的抵換，開闢新的市場空間。藍海策略是要同時追求產品差異化與低成本。卡塞拉酒廠的黃尾袋鼠葡萄酒或是喜劇救濟的紅鼻子日其策略輪廓是否與別人

不同，因而造成產品差異化？一點也沒錯。但是他們
是否同樣也是低成本？答案還是對的。藍海策略是種
「二者兼得」，而不是「二者擇一」的策略。當企業錯
誤假定藍海策略與產品差異化策略相同時，他們通常
錯過藍海策略可以二者兼得。

相反地，他們傾向聚焦於有哪些是可以提高的，
然後創造出與別人有所區隔的產品；然而卻不太注意
有什麼是他們可以消除與降低的，以同時達成低成
本。透過這種方式，企業粗心大意地成為高級品競爭
者，或是在現有產業空間裡成為具有產品差異性的利
基業者，而不是創造價值創新，進而使競爭與他們毫
不相干。

第六個紅海陷阱：
認為藍海策略等於低成本策略

這個紅海陷阱很明顯是第五個紅海陷阱的反面，
而且也同樣經常出現。再一次強調，透過重建市場邊
界，藍海策略同時追求的是產品差異化與低成本。與
其聚焦於低成本本身，這種策略尋求的是以低成本創

造顧客價值的三級跳。進一步來說，藍海策略的行動不是透過低成本的定價捕獲大量的目標顧客，而是透過「策略性定價」。這裡的關鍵不是在同一個產業內追求以定價方式對付競爭，而是追求以定價方式對付替代性產品，這些替代性產品目前正在你的產業中捕捉非顧客。

運用策略性定價，不必在市場的底層創造藍海。相反地能在頂層創造，就像太陽劇團、星巴克、戴森公司所做的；在市場的底層，就像西南航空、Swatch 所做的；或是在市場的中層領域也行。即使是在市場的底層，如同西南航空、Swatch 的案例，這兩家公司分別位於航空業與手錶業最低的價格點與成本結構，問問你自己，你認為這兩家公司只具有低成本嗎？

如果你像大多數人，你的答案是不。對，他們是低成本與低價位，但是他們也獨樹一幟，在顧客眼中清楚地有所差異。西南航空獨樹一幟的原因是友善、迅速、空中旅行有如在地面一般的感覺，Swatch 的時尚感、有趣的設計，使得該公司獨樹一幟，配戴 Swatch 的產品就像是一種時尚宣言。也就是說，即使位於市場底層，但是他們仍然被視為兼具產品差異性

與低成本。當企業遺漏這點，並且錯誤地將藍海策略看成與低成本及低定價相同，他們粗心大意地聚焦於將目前市場產品的各項功能予以刪減，好讓他們以最低的價格銷售。在這麼做的時候，他們未能同時聚焦於他們應該提高與創造的東西，以使他們達成產品差異化與獨樹一幟的能力，而唯有這種能力，才能讓他們揚帆駛向藍海。

第七個紅海陷阱：
認為藍海策略與創新相同

藍海策略「不同」於創新本身。創新與藍海策略不同，創新是種非常廣泛的概念，創新是基於一種原創與有用的想法，這種想法與是否連結能吸引大量顧客的價值無關。

以摩托羅拉銥電話為例。這項計畫是不是一種創新？當然是。但該計畫是不是一種價值創新？不是。如同摩托羅拉所學到的，科技的突破與價值（能吸引大量的目標顧客）的突破未必相同。銥衛星是個有

用的科技壯舉，在全球各地都可以提供衛星通訊，包括戈壁沙漠的遙遠深處，但是在建築物或汽車裡不能用，在定點移動中的全球高階主管需要這種通訊服務才能工作。但是這種服務不能為大量的目標顧客（例如企業主管）提供三級跳的價值。

事實上，許多科技創新者未能創造與捕獲藍海的原因，就是混淆創新與價值創新——藍海策略的基石。價值創新（不是創新本身）才是藍海策略的唯一焦點。雖然這項創新為摩托羅拉贏得最高榮譽，研究人員也獲得諾貝爾獎，不過單單創造具有原創性的發明以及透過創新讓發明變得有用，尚不足以創造與捕獲藍海。要捕獲一個商業上強而有力的藍海，企業需要一種策略，在追求產品差異化與低成本的同時，也能讓他們的價值、利潤與人員主張一致化。當企業組織未能分清楚價值創新與創新本身的差異時，他們通常會擁有一種突破新領域的創新，但不能吸引大量的目標顧客，最後仍然讓他們卡在紅海裡。

第八個紅海陷阱：
認為藍海策略是行銷理論或利基策略

　　當然，當企業努力突破紅海時，能用藍海策略的架構與工具重組、分析與解決企業的行銷問題。特別是這些問題與開發藍海價值主張有關，如本書開始幾章所討論的。然而，藍海策略需要的不只是強而有力的價值主張，要達成持久的成功，唯有仰賴關鍵的內部與外部人員在執行時大力支持以及強大利潤主張的互補。因此將藍海策略與行銷策略畫上等號，就是未能清楚明白創造一種持久、高績效策略需要的全面性做法，包括克服組織障礙、贏得人們的信任與投入、透過強而有力的人員主張創造適當的誘因。對藍海策略了解的不夠精確，通常會導致缺乏橫跨三種策略主張（價值、利潤、人員）的一致性。

　　藍海策略也不等同於利基策略（niche strategy）。行銷領域強調的是精確的市場細分，以有效捕捉利基市場，藍海策略卻是從相反的方向運作。藍海策略不但不細分市場，反而專注於橫跨各個買方群體的關鍵共通性，藉此捕捉需求中最大的一塊。當業者混淆這

兩種策略時，他們通常在現有市場中尋找具有顧客差異性的利基市場，而不是在橫跨各個買方群體的共通性中尋找新需求的藍海。

第九個紅海陷阱：
認為藍海策略視競爭為壞事

藍海策略不認為競爭是件壞事。不過不像傳統的經濟思想，藍海策略不認為競爭永遠是件好事。歷史上，經濟學家主張如果缺乏競爭，企業就沒有改善產品與勞務的誘因，但是有了競爭，企業被迫提升他們的績效、降低他們的價格、改進他們的產品與勞務。不過就企業的層次而言，競爭是件好事只限於某種程度，一旦供給超過需求，如一些競爭對手大增的產業中，激烈的競爭對企業的獲利成長通常是有害的，當愈來愈多的公司爭奪與分食一批現有的顧客時，引發的是激烈的降價壓力、微薄的毛利、產品的大宗商品化、較緩慢的成長。

如果許多公司繼續在沒有擴張（也沒有創新）的

大餅中進一步想爭奪更大的一塊時，此等競爭行動必然會對這些公司產生負面的經濟後果。這就是為什麼藍海策略主張企業需要超越競爭，或在過度擁擠的市場中對產品與勞務只進行不太重要的改進，應該追求價值創造以打開新市場空間，並且讓競爭無關緊要。因此，雖然了解在現有市場空間中如何競爭很重要，但是藍海策略強調的是當結構性條件對你不利時，如何重新定義產業邊界與創造新的市場空間，才是真正的關鍵挑戰。讓產業持續的更新與成長，才是藍海策略面對競爭的方法。

第十個紅海陷阱：
認為藍海策略與創造性破壞或中斷相同

當一種創新透過取代（displace）過去的科技或現有的產品與勞務以破壞現有的市場，創造性破壞或中斷（disruption）就發生了。在這裡「取代」一詞非常重要，因為沒有取代，就不會發生中斷。例如在攝影產業的案例中，數位攝影使照相底片產業為之中斷，

> 【 藍海策略是個較廣闊的觀念，超越創造性破壞，而且接納非
> 破壞性的創造，這點是藍海策略首要強調之處。 】

因為數位攝影有效取代了照相底片。因此現今數位攝影成為標準，照相底片反而很少使用。因此，創造性中斷大體上與熊彼德（Schumpeter）創造性破壞的觀念一致，也就是老舊的產品持續不斷地被新產品摧毀或取代。不過與創造性中斷不同的是，藍海策略不需要取代或破壞。藍海策略是個較廣闊的觀念，超越創造性破壞，而且接納非破壞性的創造，這點是藍海策略首要強調之處。

以威而鋼為例，這種藥品在生活方式藥品中創造了一個藍海。威而鋼是否透過取代過去的科技或現有的產品或勞務，而有效地中斷現有產業？答案是沒有。這種藥品透過非破壞性的創造，創造了一個藍海。透過重建現有市場邊界，藍海策略在現有產業內部以及超越現有產業的領域創造新的市場空間。當新的市場空間超越了現有市場邊界，如威而鋼的案例，重建傾向帶進非破壞性的創造。

相反地，當新的市場空間是在現有產業內創造時，就像破壞性創新，取代就會發生。不過在許多案例中，即使重建是在產業內發生的，藍海策略仍然產生非破壞性的創造。例如任天堂的Wii在電視遊樂器產

業中創造了一個藍海。這種產品具有創造性破壞的成分，不過這種產品也創造了一種身體活動、以家庭為中心的電視遊樂器的新市場空間，非破壞性的創造成分更多，進而與現有的電視遊樂器形成互補的關係，這種關係遠大於破壞或取代。

實務上最重要的問題在於，究竟是什麼力量驅動藍海策略從超越創造性破壞到非破壞性的創造，這種力量是大多數公司的關鍵目標，也是各國政府在追求刺激經濟成長的關鍵目標。這裡的重點在於藍海策略不是為產業的現有問題尋找一個較佳或成本較低的解決方案，這兩種方案都會引發破壞或取代現有產品與勞務。

相反地，藍海策略是關於重新定義問題本身，新的定義傾向於創造新需求或新產品，通常可以與現有的產品或勞務形成互補而非取代。第三章裡的六大途徑結構在這點上十分關鍵，因為這種方式以系統化的方式重新定義市場問題，以打開新的市場空間。

要將這本書裡的觀念與方法派上實際用場，你需要透徹了解的不僅是藍海策略的基礎方針，也要知悉潛伏在紅海陷阱後面的各種假定。雖然這些錯誤觀念

中有些比較抽象，但是如果你希望用藍海策略的工具
與方法達成實務上的預定目標，這些都是關係重大的
觀念。這就是為什麼在增訂版中，我們以澄清紅海陷
阱做為本書結尾的原因。唯有如此，我們才能達成將
藍海策略理論進一步貼近實務的終極目標。

附錄

A 藍海類型簡史
B 價值創新：策略的重建主義觀點
C 價值創新的市場動態

附錄A

藍海類型簡史

　　雖然可能把事實過度簡化，我們仍在此概述美國的汽車、電腦和電影院這三種產業的歷史，檢視這三種產業推出哪些重要的產品和服務，不但開啟了新市場空間，也創造出重大新需求。這項檢視是從這些產業發展之初到2005年左右為止，並非進行全盤討論，也無意提供鉅細靡遺的產業內幕，只是想指出橫跨各個重要藍海的共同策略因素。我們以美國企業做說明，只是因為在我們所研究的時期，美國是最大、管制也最少的自由市場。

　　雖然這項檢視只概括介紹藍海類型的簡史，這三

種具有代表性的產業都有一些顯著的特徵：

● 沒有永遠傑出的產業。在這項研究涵蓋的期
　間，所有產業的吸引力都出現起伏。

● 沒有永遠傑出的企業。就像產業一樣，企業也
　會出現起伏。這兩種發現證實、也進一步證
　明，沒有永遠傑出的企業和產業。

● 一項產業或一家企業是否呈現上揚走勢，成長
　是否強勁、有利可圖，重要的決定因素在於，
　是否具備創造藍海的策略行動。藍海策略對促
　使產業邁向獲利成長，是重要的催化劑；而一
　家企業是否能挾強勁的獲利成長之勢在同業中
　崛起，或是將領導地位拱手讓給創造出藍海的
　競爭者，藍海策略也是重要的決定因素。

● 一個產業既有的成員或新進業者，都可能開創
　藍海。在創造新市場空間方面，新企業天生較
　舊企業具有優勢的傳統觀念，並不見得正確。
　此外，既有企業創造的藍海，通常位於核心業
　務範疇。事實上，大多數藍海是從現有疆界形
　成的紅海內部創造出來的，而不是由外憑空創

造的。既有企業會受到鯨吞蠶食或創造性破壞的想法，已經證明是過度誇大[1]。每一家開創藍海的公司，都能享有獲利成長，不論它們是新公司還是老字號。

● 開創藍海的關鍵並不在於科技創新本身。雖然開創藍海的過程有時確實涉及尖端科技，可是這通常不是藍海策略最重要的特點，即使在科技密集的電腦業也是如此。相反的，藍海策略最重要的特點是價值創新，也就是與顧客重視的價值息息相關的創新。

● 藍海策略不僅能促成強勁的獲利成長，這種策略對於在顧客心裡建立企業品牌，也會發揮強大的正面效用。

現在，我們就來看看這三種代表產業，讓創造藍海的產業歷史自己說話。我們從已經成為已開發世界最重要交通方式的汽車業開始。

汽車業

　　美國汽車業的歷史可以追溯到1893年，杜里埃（Duryea）兄弟在美國推出第一輛單汽缸汽車。當時馬匹和馬車還是美國主要的交通工具。汽車在美國出現後不久，全國各地就出現數百家客製化的汽車工廠。

　　當時汽車還是奢侈的新鮮玩意兒。有一種車型甚至在後座附有電動捲髮器，讓顧客在路上還可以修飾儀容。這些產品性能很不可靠，可是價格昂貴，一輛要一千五百美元左右，相當於一般家庭兩年的平均所得。它們也非常不受歡迎。反車行動份子破壞道路，用布滿尖刺的鐵絲圍住路邊停靠的車輛，並發動群眾杯葛開車的商人和政治人士。汽車引起非常強烈的公憤，連後來的威爾森遜總統（Woodrow Wilson）都在1906年出面宣稱：「汽車散播社會主義情緒的力量，少有事物可比擬……汽車本身就是富裕傲慢的象徵。」[2]

　　1899年，《文學文摘》（Literary Digest）表示：「一般的『無馬車輛』目前是富人的奢侈品；它日後可能會降價，可是絕不會像腳踏車一樣普及。」[3]

簡言之，當時的汽車市場很小，又毫無吸引力。
但是，亨利・福特不相信汽車業注定如此。

T型車

1908年，美國的五百家汽車廠還在接受客製訂
單，生產新奇的汽車。福特卻在此時推出T型車，並
稱之為「用最好的材料為廣大群眾製造的汽車」。T
型車只有一個顏色（黑色）和一種車型。這種車性能
可靠、堅固耐用、維修簡便，而它的定價也讓大多數
美國人都買得起。1908年推出的第一批T型車，售價
八百五十美元，比當時市面上的汽車便宜一半。1909
年，售價降到六百零九美元。到了1924年，價格更降
到二百九十美元[4]。相形之下，馬車這種當時與汽車最
接近的代用品，售價仍高達四百美元。T型車1909年
的宣傳小冊上寫著：「福特汽車，品質高檔，價格低
廉。」

福特的成功繫於可獲利的經營模式。藉著讓產品
高度標準化，只提供有限的選擇配備和共通的零件，
福特推出革命性的裝配線，用一般非技術勞工取代手
藝精練的工匠。這些沒有技術的工人，每個人只負責

一個生產的小環節，因此作業速度更快、效率更高。製造一輛T型車的時間，從二十一天縮短到四天，所需的工時也減少60%[5]。由於生產成本降低，福特可以壓低售價，達到大眾市場能夠接受的價格水準。

T型車銷路突飛猛進。1908年，福特車的市占率為9%，1921年暴增到61%。到了1923年，大多數美國家庭都有汽車[6]。福特的T型車也使汽車業的規模大幅擴展，創造出廣大的藍色海洋。福特創造的藍色海洋氣勢是如此驚人，T型車迅速取代馬車，成為美國主要的交通工具。

通用汽車

到了1924年，汽車已成為家庭基本用品，一般美國家庭的財富也顯著增加。這一年，通用汽車公司推出一系列汽車，創造出一片新的藍色海洋。福特車講究實用，只有一種顏色，一種車型。通用卻推出「適合每一種財力和用途的汽車」。這是通用董事長史隆（Alfred Sloan）擬定的策略，訴諸美國大眾市場的感情層面，也就是史隆所謂的「大眾階級」市場[7]。

福特堅守實用的「無馬車輛」概念，通用卻讓汽

車變得充滿樂趣、刺激、舒適和時髦。通用工廠推出形形色色的車型，每年都出現新的顏色和樣式。「年度車型」在市場創造出新需求，讓顧客開始經常換車，追求時尚和舒適。由於顧客經常換車，二手車市場便應運而生。

時髦並採取情感訴求的通用汽車，市場需求直線上升。從1926年到1950年，美國每年汽車銷售總數，從二百萬輛增加到七百萬輛，通用車的市占率也從20%增加到50%，福特車的市占率則從50%降到20%[8]。

但是，這片新藍海在美國汽車業引發的飛速成長，不可能永遠持續下去。通用的業績一飛沖天，福特和克萊斯勒也相繼加入通用創造的藍色海洋。三大車廠都採取一樣的策略，每年推出新車型，設計五花八門的汽車樣式，挑動消費者的渴望情感，迎合各種生活型態和需求。隨著三大車廠的互相模仿，跟進彼此的策略，市場逐漸形成流血競爭。它們總共掌握了九成以上的美國汽車市場[9]。三大車廠都志得意滿。

省油的日本小車

但是，汽車業並未就此平靜。1970年代，日本車創造了新的藍色海洋，用省油的小車挑戰美國汽車業。美國汽車業講究愈大愈好，追求豪華，日本車卻改變這種傳統邏輯，不遺餘力地追求品質精良、造型小巧、極為省油的新實用車型。

1970年代，全球發生石油危機，美國消費者爭相購買本田、豐田和日產的省油又堅固耐用的日本車。日本車幾乎一夜之間成為消費者心目中的英雄。這些小巧省油的汽車，創造出充滿商機的新藍洋，市場需求再度一飛沖天。

美國三大車廠只顧彼此衡量、互別苗頭，雖然它們看出這種產品的市場潛力，卻沒有一家主動推出講求實用功能的省油小車。三大車廠沒有設法另闢蹊徑，創造新的藍色海洋，反而陷入新一輪相互追趕，硬碰硬的正面競爭，只是它們的對手換成了日本車。它們開始大肆投資生產車身較小的省油車。

但是，三大車廠銷售量急遽降低，1980年總共虧損四十億美元[10]。克萊斯勒這家美國三大車廠中的小

老弟，受創最重，勉強靠著政府救助，才沒有宣告破產。日本車廠發揮高效率，創造並控制著這片新的藍色海洋，美國車廠很難有力反擊；它們的競爭力和永續經營能力，都受到世界各地產業專家嚴重質疑。

克萊斯勒的廂形車

1984年克萊斯勒腹背受敵，瀕臨破產。但是，就在這個時候，它推出了廂形車，在汽車業開創一片全新藍海。廂形車打破汽車和貨車之間的界限，創造出全新車型。它比傳統貨車小，可是比旅行車寬敞，除了全家搭乘，還可以裝載腳踏車、愛犬和其他必需品，正合乎小家庭的需求。廂形車也比卡車或貨車容易駕駛操作。

廂形車採用克萊斯勒K型車的底盤，操作起來很像汽車，可是裡面的空間更寬敞，而且可以開進一般家庭車庫停放。克萊斯特並非率先發展這種概念的公司。福特和通用幾年前就已開始研發廂形車，可是它們擔心這種設計會損及本身的旅行車業務，結果拱手把這個良機送給克萊斯勒。廂形車推出第一年，就成為克萊斯勒最暢銷的車型，克萊斯勒得以重新站穩美

國三大車廠的地位。三年內，克萊斯特光是從廂形車業務就賺到十五億美元[11]。

廂形車的成功引發1990年代的休旅車風潮，把克萊斯勒開啟的藍色海洋推展到全新境界。利用貨車底盤設計製造的休旅車，沿續了從轎車向實用貨車發展的趨勢。休旅車剛開始是為了在沒有道路的荒郊野外行駛，或是在陸上拖船所設計，可是由於操作有如汽車，座位和行李廂空間都比廂形車寬敞，汽車內部坐起來很舒適，加上四輪驅動、拖運能力和安全等實用功能，因此廣受年輕家庭歡迎。到了1998年，新式輕型貨車（包括廂形車、休旅車和小貨車）在美國的總銷售量達到七百五十萬輛，幾乎趕上傳統小客車八百二十萬輛的新車銷售量[12]。到了2005年，新式輕型貨車的總銷量已達到九百三十萬輛，遠超出傳統小客車七百七十萬輛的銷路[13]。

在評估美國汽車業從創業到2005年的消長時，我們可以看到通用、日本車廠以及克萊斯勒在創造藍海時，都已經在汽車業有一定的基礎。事實上，這些藍海大多不是由創新科技所帶動的。就連福特革命性的裝配線，都可以追溯到美國的肉品包裝業[14]。汽車業

的吸引力繼續不斷起伏，而且經常是由藍海策略所推動。汽車業各家公司的獲利成長趨勢也是如此。它們的營利和成長，與它們能否成功創造出藍海策略息息相關。

這些公司幾乎都因它們歷來創造出的藍色海洋，而在世人心中留下印象。例如，福特也有遭遇困難的時候，然而靠著一百年前創造出的T型車，福特品牌在汽車業至今仍擁有崇高地位。

電腦業

現在來看已經成為全球各地工作場所重要裝備的電腦業。美國電腦業的發展可以追溯到1890年，何勒里斯（Herman Hollerith，1860-1929）發明了打卡製表機，用於美國人口普查作業，以縮短記錄和分析資料的程序。何勒里斯的打卡製表機使人口普查製表作業時間較以前縮短了五年。

不久之後，何勒里斯離開人口普查局，成立製表機公司（TMC, Tabulating Machine Company），對美

國和外國政府機構出售製表機。那時，何勒里斯的製
表機在企業界還沒有真正的市場，企業界仍然用鉛筆
和記事簿處理資料，因為這種方式既簡單、便宜又正
確。雖然何勒里斯的製表機速度又快又正確，可是價
格昂貴，使用困難，需要不斷維修。在專利期滿後，
TMC面對新的競爭者，加上美國政府因價格昂貴放棄
TMC，讓他心灰意冷，因此把公司賣掉。TMC後來與
另外兩家公司合併，在1911年成立CTR公司。

製表機

1914年，CTR的製表機業務規模仍然很小，
也不賺錢。為了扭轉大局，CTR向全國收銀機公
司（National Cash Register Company）的前主管華森
（Thomas Watson）求助。華森看出製表機擁有龐大的
潛在需求，可以協助企業改善控制存貨和會計作業。
但是，他也體認到，在鉛筆和簿記本仍用得好好的時
候，這種麻煩的新科技對於企業界而言，實在太過昂
貴，使用也太複雜。

他所採用的策略，開啟了電腦業的開端。他把
製表機的優點，與鉛筆和簿記本的省錢及便利加以結

合。在華森主持下，CTR的製表機大為簡化和模組化，公司也開始提供現場保養，並教育和視察用戶。用戶可以得到製表機的速度和效率，又不必雇用專家訓練員工或技術人員，以修理故障的機器。

接下來，華森宣布推出製表機出租業務，不再只出售機器。這種創新之舉，建立了製表機業務的新訂價模式，一方面讓企業得以避免大筆資本開銷，又可以隨著製表機效能改進汰舊換新。在另一方面，這種做法為CTR帶來源源不斷的收入，也避免用戶間彼此收購舊機器。

在六年內，公司營收就增加了兩倍以上[15]。到了1920年代中期，CTR已經擁有美國85%的製表機市場。1924年，華森把CTR改名為國際商業機器公司（IBM），以反映公司在國際市場場日漸提升的可見度。製表機的藍色海洋就此開啟。

電腦

時間快轉三十年，來到1952年。雷明頓蘭德公司（Remington Rand）向人口普查局提供全球第一部商用電腦UNIVAC。但是，那一年它只賣出三台

UNIVAC。藍色海洋的跡象一直沒有出現，直到IBM的華森（創辦IBM的華森之子）在這個缺乏魅力的小市場，看出尚待開發的需求。小華森體認到電腦可能在商業上扮演重大角色，並推動IBM接受這項挑戰。

1953年，IBM推出第一種商用中等規格電腦IBM650。IBM體認到，如果要企業使用電腦，機器就不能太複雜，而企業也只願意為自己用得著的運算能力付錢，因此IBM650使用更為簡單，功能比不上UNIVAC強大，但是二十萬美元的定價，遠低於UNIVAC的一百萬美元。1950年代末，IBM已經掌握85%的商用電腦市場。1952年到1959年，公司營收幾乎增加兩倍，從四億一千二百萬美元達到十一億六千萬美元[16]。

1964年，IBM大肆加強擴展藍色海洋的努力，推出「System/360」。在龐大的電腦家族裡，這是第一種使用可以互換的軟體、周邊設備和套裝服務的電腦，毅然脫離傳統一體適用的單一主機設計。1969年，IBM又改變電腦銷售方式，不再硬性規定硬體、服務和軟體成套出售，而把這些組件分開，個別銷售。組件個別銷售引發價值數十億美元的軟體和服務業，

IBM成為了全球最大的電腦服務公司。

個人電腦

1960和1970年代，電腦業繼續演進。IBM、迪吉多（Digital Equipment Corporation）、史培利（Sperry）和其他先後加入電腦業的公司，把營運活動擴展到全球各地，並改善和擴大產品系列，增加周邊設備和服務市場。但是，1978年，大電腦廠商仍專注於為商業市場製造更大、功能更強的機器時，蘋果電腦卻推出蘋果二號家庭電腦，創造出全新的市場空間。

與一般想法不同的是，蘋果電腦並非市面上第一種個人電腦。兩年前微儀測與遙測系統公司（Micro Instrumentation and Telemetry Systems，MITS）就在電腦玩家圈子熱烈期待下，推出Altair 8800個人電腦。《商業週刊》（Business Week）很快就把MITS稱為「家庭電腦的IBM」。

但是，MITS並未創造出藍色海洋。為什麼？它的機器沒有顯示器、沒有常駐記憶體，只有256位元的臨時記憶體，也沒有軟體和鍵盤。要輸入資料，必須操作機器前方的開關，而前方面板的閃爍燈光會顯示

程式執行結果。這種難用的家庭電腦無法打開市場，
實在不足為奇。各方對它的期望很低，迪吉多公司總
裁歐森（Ken Olsen）看到這種機器，甚至留下一句名
言：「沒有人會想在家裡放一台電腦。」

　　兩年後，蘋果二號問世，創造出家庭電腦的藍
色海洋，迫使歐森自承失言。蘋果二號大致上是利用
現有科技製造而成，採用一體合成設計，所有組件都
裝在一個塑膠盒子裡，包括鍵盤、電源和繪圖，操
作簡單。蘋果二號內附軟體，從遊戲到商業程式都
有，例如蘋果作家（Apple Writer）文書處理器，以及
VisiCalc試算表，讓龐大的顧客群有能力使用電腦。

　　蘋果改變了一般大眾對電腦的想法。電腦不再
是科技怪才的專利，卻像汽車業的T型車一樣，成為
美國家庭的普通裝備。蘋果二號誕生才兩年，蘋果電
腦一年的銷售量就超過二十萬台；蘋果公司問世才
三年，就登上《財富》五百大企業排行榜，在當時締
造空前紀錄[17]。1980年，大約二十四家公司總共售出
七十二萬四千台個人電腦，營業額超過十八億美元[18]。
第二年，又有二十家公司加入市場，銷售量也增加一
倍，達到一百四十萬台，營業額將近三十億美元[19]。

IBM最初兩年按兵不動，仔細研究市場和科技，準備推出自己的家庭電腦。1982年，IBM推出設計遠更為開放的電腦，讓外人也能設計軟體和發展周邊設備，使家庭電腦的藍色海洋急遽擴大。藉著創造出一種標準化的作業系統，其它公司也能夠製造相容的軟體和周邊組件，IBM得以壓低成本和價格，並向顧客提供更高的效益。藉由規模經濟和範疇經濟創造的優勢，IBM把個人電腦價位，訂在龐大顧客群負擔得起的範圍[20]。IBM推出個人電腦第一年，就售出二十萬台，幾乎達到它預定的五年計畫的目標。到1983年，消費者已經購買了一百三十萬台IBM個人電腦[21]。

康柏個人電腦伺服器

由於美國各地企業紛紛購置個人電腦，在機構內廣為使用，因此各部個人電腦間如何連線，以從事一些簡單而又重要的功能（包括共用檔案和印表機），這方面的需求迅速提高。IBM650引發的商業電腦業務，吸引惠普（HP）、迪吉多、思群（Sequent）等許多業者跟進。它們提供高階企業系統，執行公司的重要工作，也提供各種作業系統和應用軟體。但是，這

些機器價格太昂貴、操作也太複雜，只用來處理共用
檔案和印表機等簡單功能，太不划算。這對中小企業
尤其明顯，因為它們需要共用印表機和檔案，可是還
不需要大肆投資，購置複雜的大型電腦。

　　1992年，康柏公司（Compaq）推出ProSignia，使
情況完全改觀，並創造出個人電腦伺服器業務的藍色
海洋。這種機器大幅簡化作業功能，並為使用最普遍
的共用檔案和印表機功能提供最大功效。它排除了與
這些功能無關的各種作業系統的交互運作，這些系統
從SCO UNIX，一直到OS/3和DOS。新的個人電腦伺
服器，共用檔案和印表機的能量和速度，比迷你電腦
主機高出一倍，價格卻只有三分之一。這種大為簡化
的機器，也使康柏能夠大幅降低生產成本。康柏創造
出ProSignia和後來的三種個人電腦伺服器，不僅助長
個人電腦銷售，不到四年，個人電腦伺服器一年營業
額也達到三十八億美元[22]。

戴爾電腦

　　1990年代中期，戴爾（Dell）電腦公司在電腦業
創造出另一片藍色海洋。電腦廠商向來競相推出速度

更快、功能更強、軟體更多的電腦。戴爾卻向這種傳統邏輯挑戰，改變顧客的購買和交貨體驗。它採取直銷方式，直接賣電腦給顧客，使它的個人電腦價格比IBM代理商的售價便宜四成，公司卻還有利潤。

這種直銷方式對顧客更有吸引力，因為戴爾交貨空前迅速，從接單到交貨只要四天功夫，不像同行對手平均要超過十週。此外，透過戴爾網路和電話訂購系統，顧客可以選擇自己想要的機型。這種接單客製的作業方式，也使戴爾能夠大幅降低存貨成本。

戴爾開啟的藍海，讓它成為電腦銷售業公認的市場領袖。公司營收也從1995年的五十三億美元，增加到2006年的四百三十億美元[23]。但從那時候開始，電腦業的其他公司也不斷創造出新的藍海，像是蘋果電腦的iPad以及雲端操作服務，將戴爾遠遠甩在後頭。若要保持競爭力，戴爾接下來的挑戰，就是必須再創造新的藍海，重新抓住想像力與消費者的錢包。如果不這麼做，他們將會難以擺脫目前身處的這片競爭激烈的紅海。

就像汽車業一樣，電腦業的藍色海洋不是由科技創新本身所引發，而是藉著把科技與顧客重視的價值

加以結合。就像IBM650和康柏的個人電腦伺服器，價值創新經常根源於簡化科技。我們也看到CTR、IBM和康柏這些老字號企業創造藍色海洋的頻率，並不遜於蘋果電腦和戴爾這些後起之秀。每一片藍海都已經走了很長的路，使創造出這片海洋的公司招牌更加響亮，不僅為公司帶來強勁的成長，也使整個電腦業產生豐厚的利潤。

電影院業

　　現在來探討讓許多人在週末及工作之後，可以放鬆身心的電影院業。美國的電影院業可以追溯到1893年愛迪生推出電影視箱。其實這只是個木盒子，在裡面投射光線照映膠捲。觀眾透過一個窺視孔，觀看膠捲呈現的影像，一次只能一個人觀看，因此這種表演稱為「窺視秀」。

　　兩年後，愛迪生手下的工作人員發展出投射式電影放映機，能夠把電影影像投射到屏幕上。但是，這種投射式放映機並未造成流行。當時，只有一些雜

耍表演和劇院會在節目中，插入一段只有幾分鐘的短片。這只是為了提升劇場最重視的現場娛樂表演的價值，而不是特意提供另一種不同的娛樂形式。當時的科技已足以建立電影院業，只是創造藍色海洋的構想尚未出現。

五分錢戲院

1905年，哈利‧戴維斯（Harry Davids）在賓州匹茲堡設立第一家五分錢戲院（nickelodeon），使情勢全然改觀。一般認為五分錢戲院對於在美國推動電影院業功不可沒，並創造出一片寬廣的藍色海洋。二十世紀初，大多數美國人屬於勞工階級，可是劇院專門向社會精英提供現場娛樂，例如戲劇、歌劇和雜耍。

當時，一般美國家庭平均週薪只有十二美元，根本負擔不起現場娛樂，因為歌劇表演平均票價就要二美元，看雜耍表演也要五十分錢。對於大多數民眾，戲劇也過於嚴肅。他們沒有受過什麼教育，因此戲劇或歌劇對這些勞工階級，沒有什麼吸引力。看戲也很不方便。一週只有幾場表演，大部分戲院又設在城市高級地段，廣大勞工群眾很難前往。大多數美國人根

本沒有什麼娛樂可言。

相較之下，戴維斯的戲院門票只賣五分錢（這也是戲院之所以得名的源由）。為了達到這種低廉票價，戴維斯的戲院設在租金便宜的勞工階層社區，裡面陳設非常簡單，只有長板凳和銀幕。他的訴求在於薄利多銷和便利，戲院在上午八點開門，不停地播放影片直到半夜。這些影片都是有趣的玩鬧喜劇，各種教育程度、語言或年齡的觀眾都可以接受。

勞工階級成群湧進五分錢戲院，每天約有七千人到這些戲院享受娛樂。1907年，《週六晚郵》報導，五分錢戲院每天的觀眾已超過兩百萬人[24]。五分錢戲院迅速散播到全美各地。到了1914年，美國已有一萬八千家五分錢戲院，每天的觀眾達到七百萬人[25]。這片藍海今日已成為一年營業額三十億美元的龐大企業。

皇宮電影院

就在五分錢戲院的藍海達到全盛之時，1914年羅薩斐爾（Samuel Rothapfel）在紐約市設立美國第一家皇宮電影院（Palace Theater），開始把電影的魅力推展到正在興起的中上階級。在這之前，羅薩斐爾在美國

擁有幾家五分錢戲院，而他最為人稱道的本事，就是把全國各地賠錢的戲院扭轉乾坤，經營得有聲有色。一般認為五分錢戲院很低級幼稚，羅薩斐爾的皇宮戲院卻富麗堂皇，裝有華麗的水晶吊燈、明鏡照映的廊廳、宏偉的大門。這些戲院也提供服務生代客停車、豪華雙人座、播放有情節的長片，把看電影變成看慣歌劇或戲劇的貴客值得欣賞的娛樂，只是價格沒有那麼昂貴。

這種放映電影的皇宮非常成功。1914年到1922年，美國各地開設了四千家新的皇宮電影院。對於各個經濟階層的美國人，看電影變成愈來愈重要的娛樂。正如羅薩斐爾指出：「提供大眾想要的東西，根本是大錯特錯。因為，大眾根本不知道自己想要什麼……應該給他們更好的東西。」皇宮戲院有效結合歌劇院的觀賞環境，以及五分錢戲院的節目內容（電影），並藉此在電影院業開啟新的藍色海洋，吸引到大批全新觀眾，也就是中上階級群眾[26]。

隨著國家財富增加，美國人相繼遷往郊區，實現擁有自己的房子、家家吃得起雞肉、戶戶車庫都停著車的夢想，這時，進一步發展皇宮電影院的構想，終

於在1940年代末出現限制。郊區與大城市或大都會區不同，無法支持豪華的龐大皇宮電影院。電影院業者競爭的結果，郊區出現了每週只放映一部電影的小電影院。雖然與皇宮電影院相比，經營這些小電影院比較省錢，可是它們無法提供消費者想像的空間，無法讓人對於外出的夜晚產生特別的感覺。它們的成敗完全繫於播放的電影品質。如果選到不好的片子，顧客就不想上門，電影院老闆也準定賠錢。由於電影院業愈來愈缺乏新意，營利成長逐漸降低。

多廳電影院

但是，這一行又經由創造新的藍海策略，再次出現獲利的新成長曲線。1963年，史丹‧德伍（Stan Durwood）採取一項經營策略，讓電影院業風雲再起。1920年代，德伍的父親在堪薩斯市，設立他們家族的第一家電影院；而德伍在堪薩斯市的一個購物中心設立第一家多廳電影院，為這一行注入新活力。

多廳電影院立即掀起熱潮。它一方面讓觀眾有更多影片可以選擇，另一方面，也讓業者同時擁有不同大小的廳院，可以隨時調整放映廳，以配合各個片子

的不同需要，並因此分散風險和降低成本。結果，隨著多廳電影院的藍色海洋擴及全美，德伍創辦的美國多廳電影院公司（AMC）原本只是一個小城鎮的一家電影院，躍身成為美國第二大電影公司。

超級多廳電影院

多廳電影院在電影院業創造出獲利成長的藍色海洋。但是，到了1980年代，錄影機、衛星電視和有線電視普及，看電影的人愈來愈少。更糟的是，為了在日益縮小的市場掌握更大的占有率，戲院老闆把電影院分割成愈來愈小的放映廳，以放映更多不同的影片。卻沒想到，這麼一來反而破壞了電影院相對於家庭娛樂擁有的一大優勢：大銀幕。由於首輪電影上映才幾週，便可以出現在有線電視台和錄影帶市場，消費者因此覺得，付更多錢在只大一點點的銀幕上看電影，實在沒有什麼意思。電影院業陷入急遽衰退。

1995年，AMC再度改造電影院業，在美國推出第一家共有二十四廳的超級多廳電影院。舊式的多廳電影院經常狹窄、破舊、毫不起眼，超級多廳電影院卻提供視線毫不受阻礙的球場式座位，座椅也非常舒

適，影片種類更多，聲光效果也更高級。儘管服務品質大為改善，超級多廳電影院的票價仍然低於傳統多廳電影院。這是因為超級多廳電影院設置的地點，遠離房地產價格最貴的市中心，成本節省很多。另一方面，龐大的規模也使它在購買影片和作業方面，擁有經濟效益，對片商也有更大的議價籌碼。由於二十四個廳足可容納市面上所有電影，電影院本身便成為吸引人潮的重心，而非電影。

1990年代末，AMC超級多廳電影院平均每個顧客帶來的營收，比普通多廳電影院高出8.8%。電影院的營業範圍，也就是看電影的顧客散布的地理範圍，從1990年代的方圓兩哩，躍增至AMC超級多廳電影院的方圓五哩[27]。1995年到2001年之間，電影院觀眾從一年十二億六千萬人次，增加到十四億九千萬人次。超級多廳電影院只占美國所有電影院的15%，卻占整體票房收入的38%。

AMC創造的藍海策略非常成功，其他業者也相繼跟進。結果，短短的時間內，就出現太多超級多廳電影院。到了2000年，由於經濟成長減緩，有許多家先後關閉。這一行顯然又到了必須開創新藍洋的時候。

喜歡出門的人通常也熱愛各種娛樂活動，而且現在有許多方便的下載管道，如Netflix、iTunes、亞馬遜已經徹底打敗電影。電影院業者現在必須重新自我投資，試圖找出能夠吸引消費者的娛樂活動。

這只是美國電影院業概括的演進歷史，可是就像我們討論的其他事例一樣，這段歷史也呈現一些大致相同的型態。這一行並非一直充滿魅力，我們在其中也看不到任何一家永遠傑出的公司。創造藍色海洋是讓個別公司和整個行業，出現獲利成長曲線的關鍵因素，而創造藍色海洋的主要是AMC和皇宮電影院之類的固有業者。正如這段歷史所顯示，AMC先後率先推出多廳電影院和超級多廳電影院，在美國電影院業開創藍海，兩度改造整個產業的發展方向，也兩度把本身的營利和成長推向新的高峰。這些藍海的核心，不是科技創新本身，而是由價值推動的創新，也就是我們所謂的價值創新。

結　語

　　縱觀這三個行業的發展簡史，我們發現，一家公司能不能達到獲利型成長，主要繫於它在本業接連不斷創造藍海的過程中，能否持續搶占前鋒。任何公司都很難永遠稱霸業界；到目前為止，沒有一家公司能夠長期在本行中，持續開發出藍色海洋。但是，各產業的金字招牌，經常是能夠自我改造，一再創造出新市場空間的企業。這麼說來，目前為止沒有永遠傑出的公司，不過藉著堅守傑出的策略實務，企業仍然有希望維持卓越。這三種代表產業呈現的藍海型態，雖然或有差異，可是與我們在研究過程中，從其他行業觀察到的型態大致符合。藉著說明藍海策略的運作邏輯，並提供可做為標準的系統性工具及框架，本書最主要的目的，就是讓創造藍海變成一種可重複的有系統步驟，並協助改變企業運作的型態。

附錄 B

價值創新：
策略的重建主義觀點

　　產業結構與業者策略行動的關係，基本上有兩種截然不同的觀點。

　　策略的結構主義觀點（structuralist view）根源於產業組織經濟學[1]。產業組織分析提出「結構—行為—表現」模式，顯示從市場結構到行為和表現的因果關係。由供需條件形成的市場結構（market structure），會塑造買賣雙方的行為（conduct），並決定最終表現（end performance）[2]。整個系統的改變，是由市場結構之外的因素所引發，例如基本經濟情況和技術突破之類的根本變化[3]。

　　在另一方面，策略的重建主義觀點
（reconstructionist view）根源於內生成長（endogenous
growth）理論。這種理論可追溯到美國經濟學家熊彼
德（Joseph A. Schumpeter）當初的觀察：改變經濟結
構和產業景觀的力量，可能來自系統內部[4]。熊彼德宣
稱，創新能夠從內而生，而其主要來源在於富有創造
力的企業家[5]。但是，熊彼德理論下的創新仍是個黑盒
子，因為創新是企業家才幹的產品，不能有系統地複
製。熊彼德理論下的創新，同時也把破壞視為理所當
然，因為他認為新事物會不斷破壞舊的東西。

　　這方面因為最近出現的新成長理論（new growth
theory）而有所推展。新成長理論顯示，經由了解創
新的型態或祕方，能夠內生複製創新[6]。這種理論進展
基本上把創新的祕方，或是創新背後的知識和構想型
態，從熊彼德提出的孤單企業家劃分出來，為有系統
地複製創新開啟一條道路。但是，儘管理論上出現這
步重要進展，我們對這些祕方或型態仍缺乏了解。沒
有這種了解，就不可能把知識和構想付諸行動，以在
企業的層面上製造創新和成長。

　　重建主義觀點正好彌補新成長理論的不足。重

建主義觀點以新成長理論為基礎，顯示創造過程如何部署知識和構想，為公司製造內生成長。重建主義認為，這種創造過程能夠透過全新的方式，對現有資料和市場因素進行認知上的重建，在任何時間、任何組織出現。

這兩種觀點（結構主義和重建主義）對企業如何根據策略採取行動，影響非常深遠。結構主義觀點（或稱環境決定論）經常導出以競爭為主軸的策略思考。由於認為市場結構為既定條件，無法改變，企業試圖在現有市場空間建立穩固的競爭地位。為了維持市場地位，企業在施行策略時，專注於建立優勢以對抗競爭，通常藉著評估對手的作為，並試圖比對方做得更好。在這種競爭形態下，掌握更大的市場占有率被視為一種零和遊戲，一定要損人才能利己。因此，在供應者的方程式裡，競爭成為策略的關鍵變數。

這種策略思考，導致企業把業務劃分成具有吸引力和缺乏吸引力兩類，並據以決定是否跨足這些業務。一旦進入某種業務，它也會依據內部系統和因應競爭的能力，選擇明確的成本定位或差異化定位[7]。因此，成本和價值兩者之間，經常被視為一種取捨。由

於一項業務的總體獲利水準,是由外在的結構因素決定,因此公司主要尋求搶占和重新分配財富,而不是創造財富,於是專事瓜分成長日益受限的紅海。

但是,從重建主義觀點來看,策略挑戰顯得非常不同。採用這種論點的人,體認到結構和市場邊界只存在於經理人的腦中。他們不讓現有市場結構限制他們的思維,認定市場絕對存在尚待開發的更多需求,只是關鍵在於如何開發這些需求。要讓潛在的需求湧現,就要把注意力從供應面轉移到需求面,把焦點從競爭轉移到價值創新,也就是創造價值創新,以開啟新需求。公司一旦秉持這種新焦點,就有希望達成發現之旅。它們可以有系統地跨越各種現有競爭疆界進行檢討,並重新組織不同市場的現有因素,重建新的市場空間,使需求提升到新水準[8]。

在重建主義觀點,幾乎沒有任何業務本身具有吸引力或不具吸引力,因為業務的吸引力強弱,可以經由公司有意識的重建努力而改變。隨著市場結構在重建程序中改變,關於競爭的最佳實務,規則也會改變。因此,舊有競爭變得無關緊要。藉著刺激經濟的需求面,價值創新策略能擴大現有市場,並創造新市

場。價值創新者能藉著創造新財富達到價值躍進,而不是像在傳統競爭中,必然會犧牲對手的利益。價值創新者能藉著創造新財富達到價值躍進,而不像在傳統競爭中,必須犧牲對手的利益。如此一來,價值創新便能超越不斷取代並毀滅其他對手的創造性破壞。他們同時藉由拓展原有市場或開創新市場的方式,帶來非創造性破壞。因此,這種策略大致是非零和遊戲,並能帶來高報酬。

那麼,像我們在太陽馬戲團所看到那種重建,與創新文獻所討論的「組合」(combination)與「再組合」(recombination)有什麼不同[9]?例如,熊彼德就把創新視為「生產工具的新組合」。

我們從太陽馬戲團這個例子看到對需求面的專注,而再組合卻是針對供應面的努力,把現有技術或生產工具重新組合。相形之下,重建的基本要素則是跨越各種現有產業邊界普遍存在的買方價值因素(buyer value element)。這些既非科技也非生產工具。

藉著專注於供應面,重新組合往往能找出解決現有問題的創新解答,但只要一達成,便會造成取代效應,進而發生創造性破壞。相形之下,重建藉著探討

需求面，脫離現有競爭法則界定的認知疆界，專注於重新定義現有問題，如此一來在製造創造性破壞的同時，也能產生非破壞性創意[10]。例如，太陽馬戲團不是藉著重新組合表演或節目的相關知識或技術，提供「更好的馬戲團」。相反的，它重建現有顧客價值因素，創造「新形態的娛樂」，結合馬戲團的刺激，以及劇場的知性。

重建措施能夠重新塑造產業的邊界和結構，創造出由新市場空間形成的藍色海洋。另一方面，重新組合則通常會把技術的可能性擴展到最大限度，以發掘已知問題的創新解決方案[11]。

附錄 C

價值創新的市場動態

　　價值創新的市場動態，與傳統科技創新形成強烈對比。後者通常訂定高價位，限制供給，甚至期初刻意提高價格，從創新賺取厚利，接著降低價格和成本，以維持市占率，並遏阻別人跟進模仿。

　　但是，不具敵對性和排他性的物資，例如知識和構想，本身即潛藏著規模經濟效益、學習效果以及報酬遞增等特性[1]，在這樣的世界裡，數量、價格和成本也變得空前重要。在這些情況下，企業應該一開始就掌握最大的目標顧客群，並用他們能夠接受的價位，提供更高的價值，以擴大市場規模。

　　正如圖表C-1所顯示，價值創新能大幅提升產品
的吸引力，需求曲線因而從D1轉移到D2。同時，就
像Swatch，採用策略定價，價位從P1轉移到P2，以期

圖表C-1

價值創新的市場動態

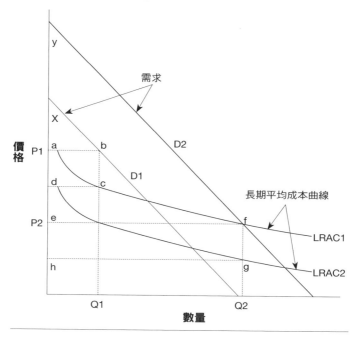

在廣大市場掌握龐大顧客群。由於物美價廉，銷售量從Q1增加為Q2，品牌也建立高知名度。

但是，這家公司同時也採行目標成本制，降低長期平均成本曲線，使長期平均成本從LRAC1轉移到LRAC2，以擴大獲利能力，並防止競爭者搭便車或跟進模仿。因此，顧客獲得價值躍進，消費者剩餘（消費者願意負擔的價格與實際付出價格的差額）從axb擴大為eyf。公司營利和成長也大幅增加，供給者剩餘從abcd擴大為efgh。

在市場提供空前的價值，公司品牌得以迅速建立知名度，再加上降低成本，如果再計入規模經濟效益、學習效果和報酬遞增等因素，競爭變得幾乎無關緊要，同行難以趕上[2]。跟著而來的是出現雙贏的市場動態，推動價值創新的企業贏得霸主地位，顧客也成為大贏家。

傳統上，擁有獨占地位的企業，經常出現兩種行為，而損害了社會福祉。第一，為了盡可能擴大營利，公司把價位訂得很高，讓一些想要這種產品的顧客買不起。第二，由於沒有強大競爭對手，獨占企業經常不會致力提高效率和降低成本，因此消耗更多珍

貴資源。正如圖表C-2所顯示的，在傳統的獨占情況
下，價位從完全競爭市場的價格P1，提高到獨占市
場的價格P2。因此，需求從Q1減少到Q2。在需求水
準Q2下，獨占企業的營利與完全競爭相比，多出了
R區。由於廠商向消費者收取人為訂定的高價，消費
者剩餘從C+R+D區，縮減到剩下C區。同時，獨占措
施會消耗更多社會資源，造成整體社會的無謂損失D

圖表C-2

從完美競爭到壟斷

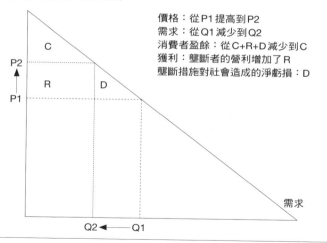

價格：從P1提高到P2
需求：從Q1減少到Q2
消費者盈餘：從C+R+D減少到C
獲利：壟斷者的營利增加了R
壟斷措施對社會造成的淨虧損：D

區。因此，獨占業者的獲利是犧牲消費者利益和整體社會利益的結果。

傳統獨占業者經常採取這種搜刮式訂價，藍海策略卻反其道而行。藍海策略的焦點不是以價制量，而是以顧客負擔得起的價格，提供價值躍進，創造新的總和需求。這不僅造成強大誘因，促使企業一開始就盡可能把成本壓到最低，也鼓勵它們努力保持這種情況，以阻止競爭者搭便車或是模仿。消費者受益，社會也因為效率改善而獲益，創造了雙贏局面。顧客、企業和整體社會都達到價值突破。

注釋

增訂版序

1. 請見www.blueoceanstrategy.com。該網站的電子圖
   書館裡，可以找到這些來自全球各地的文章。

2. 請見Kim and Mauborgne（1997a, 1997b）。

3. 請見Kim and Mauborgne（1999b）。

4. 請見Kim and Mauborgne（1996, 1997b, 1998a）及
   我們其他系列的文章，參考關於公平程序、程序
   正義以及相關學術上的意見。

第1章

1. 如何定義市場邊界，以及競爭規則如何形成的相關討論，請見Harrison C. White（1981）和Joseph Porac and Jose Antonio Rosa（1996）。

2. Gary Hamel、C.K. Prahalad（1994） 以 及James Moore（1996）指出，隨著市場競爭愈演愈烈、企業商品化加速，公司若想成長，創造新市場是勢在必行。

3. 自從波特（Michael Porter） 提出開創性論述（1980,1985），競爭已占據了策略思考的中心。另可見於Paul Auerbach（1988）及George S. Day et al.（1997）。

4. 請見Hamel and Prahalad（1994）。

5. 請 見*Standard Industrial Classification Manual*（1987） 及*North American Industry Classification System*（1998）。

6. 同上。

7. 軍事戰略的經典著述及有關在有限領土上競爭的基礎論述，可見於Carl von Clausewitz（1993）。

8. 相關討論可見於Richard A. D'Aveni and Robert

Gunther（1995）。

9. 關於全球化及其經濟意涵的進一步討論請見大前
研一（Kenichi Ohmae, 1990, 1995a, 1995b）。

10. United Nations Statstics Division（2002）。

11. 相 關 例 子 請 參 考Copernicus and Market Facts
（2001）。

12. 同上。

13. 分別出自Thomas J. Peters and Robert H. Waterman
Jr.（1982）和Collions and Jerry Porras（1994）。

14. Richard T. Pascale（1990）。

15. Richard Foster and Sarah Kaplan（2001）。

16. 杜拉克（Peter Dracker, 1985）觀察到，企業經常
根據競爭對手的作為彼此競爭。

17. 本書作者（1997）早已指出，彼此較量和壓倒對
手會導致模仿，而非創新，經常造成價格壓力和
進一步商品化。他們主張公司應努力向顧客提
供價值躍進，讓競爭本身失去意義。Gary Hamel
（1998）辯稱，不論新舊公司，成功關鍵都在於
避免競爭，以及改造現有經營模式。他進一步強
調（2000），成功的模式不是擺好架式準備應付競

爭，而是設法迴避競爭。

18. 把創造價值做為一種策略概念過於廣泛空洞，因為沒有對應該如何創造價值界定範圍。例如，公司只要把成本降低2%，就可以創造價值。雖然這確實是創造價值，卻很難成為開啟新市場空間所需的價值創新。只要用更好的方法做類似的事情，就可以創造價值，可是如不摒棄舊事物、採用新事物，或用全新方法做類似事情，就無法創造價值創新。我們的研究顯示，為了追求創造價值的策略目標，公司經常專注於漸進式的改善獲利。漸進式的創造價值確能創造一些價值，可是不足以使公司在擁擠的市場脫穎而出，並達到高效能業務。

19. Gerard J. Tellis and Peter N. Golder（2002）經過十年研究，發現只有不到一成的市場先驅成為企業贏家，九成以上都在商場敗下陣來。

20. 質疑這項教條的研究可見於Charles W. L.Hill（1988）以及R.E.White（1986）。

21. 我們的研究顯示，價值創新主要是為了重新界定產業最重要的問題，而不是對現有問題尋找解決

辦法。

22. 波特（Porter, Michael 1996）曾討論哪些策略屬於價值創新的做法，哪些不是。他宣稱雖然策略應該涵蓋公司整個作業體系，但在次級系統階層仍可能出現作業改進。

23. 波特指出，在次級系統階層出現的創新，並非策略活動。

24. 同前。

25. Joe S. Bain是結構主義觀點的先驅。請見Bain（1956,1959）。

26. 各方說法不同，一般認為進入新領域是危險的做法。Steven P. Schnaars（1994）就指出，與模仿者相比，市場先驅處境較不利。Chris Zook（2004）也認為，脫離公司的核心業務，從事多元經營很冒險，成功的可能性低。

27. Inga S.Baird and Howard Thomas（1990）就認為，一切策略決策都牽涉了風險。

第2章

1. 「另類選擇」（alternative）的範圍超過了替代品。

例如，餐館是電影院的一種另類選擇，因為兩者都會爭取打算出門輕鬆一下的潛在顧客。不過餐館並非電影院的直接競爭對手，它提供的功能也不是電影院的替代品。企業能夠探究的「非顧客」可以分成三個層次。本書第3章與第5章將分別對「另類選擇」以及「非顧客」做更詳細的討論。

2. 黃尾袋鼠在2008至2013年間皆名列「強力100：全世界最具影響力的酒精飲料及葡萄酒品牌」報告中，世界最具影響力的五個葡萄酒品牌之一。請見http://www.drinks.powerbrands.com/。同一報告書也在同樣年份，將黃尾袋鼠列為澳洲最具影響力的酒精飲料及葡萄酒品牌。

第3章

1. 請見http://www.fractionalnews.com/comparisons/fractional-program-comparison.html.。

2. J. Balmer（2001）。

3. 波克夏・海瑟威公司，2010年度財報。

4. 以上數據是曲線公司裁撤多家在過度擴張期成立的加盟店後的數據。過度擴張導致某些加盟店彼

此地理位置太過接近，或是有些加盟業者實際上
無力管理這些健身組織。

5. 更多關於藉由檢視不同交易員集團的策略行動開
啟藍海事例，請見Kim and Mauborgne（1999c）。

6. 這間匈牙利公司開啟藍海，為自己、市政府以及
市民獲得了三贏的局面。雖說後來貨幣震盪及政
府規範嚴重打擊NABI，導致他們最近已被New
Flyer公司收購，但它們的藍海策略行動仍然值得
參考。

7. Kris Herbst（2002）。

8. 同上。

第4章

1. 關於策略計畫概述，請見Henry Mintzberg
（1994）。

2. 擁有一張「看得見」的策略草圖，可讓人獲得最
清晰概念，這點可以由我們不同的感官頻寬（位
元／秒）獲得證明：味覺（1000位元／秒）；嗅
覺（10萬位元／秒）；聽覺（10萬）；觸覺（100
萬）；視覺（1000萬）。

3. 關於經驗學習的力量，請見L. Borzak（1981）與 D. A. Kolb（1983）。

4. 要進一步了解彭博如何利用六種途徑之一擺脫競爭，並創造藍海，請參考第三章。

5. 請參考第五章有關非顧客群的討論。

6. 請參考第三章對六大途徑架構的完整討論。

7. 請見*Korea Economic Daily*（2011）。

8. 請見*Fortune*（2005）。

9. 請見*Korea Economic Daily*（2004）。

10. Interband, *Best Global Brands 2013*（2014年7月1日資訊）。

第5章

1. 2001年，麥當勞相中Pret的成長潛力，以五千萬英鎊買下Pret33%的股份。在麥當勞出資後，該公司積極向海外拓展。但在有了好的開始後，Pret熱衷於拓展事業，卻忽略了原本的核心價值，導致生意一落千丈。之後Pret縮減海外業務，又回到原本的基礎。他們以很快的速度重振，並在業務上持續成長，僅在經濟不景氣時短暫停滯。Pret的例

子幫其他開啟藍海的公司上了很重要的一課：即
使市場情況大好，對藍海的需求量大，公司依然
必須時時保持謹慎，千萬不可大意，或在拓展藍
海商機時犧牲自家的品質標準。

2. JCDecaux公司同時也是全世界最大的飛機及
運輸工具廣告供應商。公司共擁有超過一百
萬張廣告看板，平均每天會接觸約三億人次
的大眾。JCDecaux公司2013年的總營收為兩
兆六千七百六十億英鎊。

3. 參見Committee on Defense Manufacturing
（1996）、James Fallows（2002）以及John Birkler
et al.（2001）。

4. Department of Defense（1993）。

5. 想知道JSF公司更明確的期望目標，請見Bill
Breen（2002），Fallow（2002），Federation of
Atomic Scientists（2001），David H. Freedman
（2002），*Nova*（2003），United State Air Force
（2002）。

6. 請見Miller（2003）以及Gasiorek-Nelson（2003）
的案例。米勒（Miller）當時擔任美國海軍副司

令，他在這篇2003年的文章中寫道：「聯合攻擊戰鬥機採購計畫得到來自政府、相關產業與軍方第一時間且長期的支持，包括協助研發可通用於各項服務的設計，以利節省成本，以及各種反覆測試。這項採購計畫確實是一個成功的案例。」Gasiorek-Nelson（2003）的文章也提出相關論點。文中記載，美國國防部採購及科技部秘書愛德華（Edward C. Alderdge Jr.）曾在2003年的國防轉型採購與改善物流大會上提到聯合攻擊戰鬥機計畫已經是個「十分成功的跨國計畫」。

7. 我們曾在第一版書中指出，JFS F-35計畫從構想被提出，到預計完成的2010年，共有十年的時間，而該計畫罕見的必須大量倚靠複雜外部非軍事階層參與者，因此光靠強力的策略行動本身，並不足以保證計畫能夠成功執行。該計畫將會碰到許多執行面上的挑戰，美國軍方與國防部的主要決策者在這十年期間不斷更換，而外部參與者又有各自的利益與對計畫的不同理解。第八章將會持續追蹤F-35計畫，並從內部及外部執行面問題的角度探討計畫演變至今的狀況。

第6章

1. 網路外部性的定義與討論首見於Rohlfs（1974）。
   近期相關研究，請參考Katz and Shapiro（1994）。

2. 參　見Kenneth J. Arrow（1962）　和Paul Romer
   （1990）。值得注意的是，他們在討論非競爭物
   資和無排他性物資時，範圍都只限於科技創新，
   而這也是經濟學的傳統。一旦把創新的觀念重新
   定義為價值創新，非競爭和無排他性觀念的重要
   性更為顯著，因為科技創新比較容易取得專利保
   護，所以經常擁有更大的排他性。

3. 請　見Ford Motor Company（1924）　及William J.
   Abernathy and Kenneth Wayne（1974）。

第7章

1. 引爆點領導學的起源，可追溯到引爆點理論。它
   的假設是這樣的：無論在任何組織，只要大部份
   關鍵人物擁有同樣的信念，並共同努力推動實現
   一項新點子的計畫，組織都有可能在短時間內發
   生根本上的改變。這項引爆點理論首次被用在
   社會行為學領域，是1957年的Morton Grodzins

（1957）種族隔離研究。馬里蘭大學經濟學家Thomas Schelling 就此做更完整的演繹（1978）。葛拉威爾（Malcom Gladwell）的《引爆趨勢》（2000）一書，使這種觀點更為流行，也把這個名詞變成通行語言。但在這裡必須要注意，我們在本書中看待引爆點理論的方式與葛拉威爾的方式有根本上的不同。葛拉威爾專注於找出帶動社會大眾的關鍵因素，而我們則把焦點放在組織改造領導學，藉此說明領導者該如何克服我們研究發現的四大關鍵組織障礙，並順利執行策略。因此就結論來說，那些我們研究發現，並稱為非等比例影響因素的基本推力，是以低成本推動組織改革的關鍵。這與葛拉威爾提出的的專業人士、連結者及銷售員完全不同。兩項研究在背景以及推動全面改革上的看法可說是大相逕庭。

2. Joseph Ledoux（1998）與 J.S. Morris et al.（1998）。

3. Baddely（1990）and Kolb（1983）。

4. 關於破窗效應理論，參看James Q. Wilson and George Kelling（1982）。

第8章

1. Thibaut and L. Walker（1975）。

2. 後來的研究，如泰勒（Tom R. Tyler）和林德（E. Allan Lind），把公平程序的力量推展到文化和社會領域。關於兩人的研究和相關工作，參見Tom R. Tyler and E. Allan Lind（1988）。

3. 關於自動自發合作的討論，請參見C. O'Reilly和J. Chatman（1986），D. Katz（1964）以及P.M. Blau（1964）。

4. 請見Kim and Mauborgne（1997b）。

5. 請見Kim and Mauborgne（1998a）。

6. 請見Kim and Mauborgne（1995）。

7. F. Herzberg（1966）。

8. 請見A Ciralsky（2013）。

9. 請見Christopher Bogdan中尉於A Ciralsky（2013）中的發言。

10. 關於Christopher Bogdan中尉2013年9月在華盛頓DC的海軍協會與太空科技展的演說，請見Air Force Association（2013）。

第9章

1. 請見Kim and Mauborgne（2009）。

2. 這三個策略論述與組織中的傳統行為系統互相呼應。一個組織行為最終的成果，將是帶給客戶價值，並帶給自己收益。為了得到這些成果，他們所要投入的是製造成本與運輸成本。這三個關於客戶價值、淨利（收入減去成本）、以及人群的策略論述，精準抓住了一個組織行為系統運作的重點。與其他如行銷、製造、人資等組織功能不同，一個好的策略應該涵蓋組織中所有的行為系統。舉例來說，行銷部門也許會只集中在價值論述，卻忽略了其他兩項論述。同樣的，製造部門也許會忽略客戶需求或是將人群當做一種浮動成本。這就是為什麼一個長期的藍海策略背後必須要有完整且一致的三個策略論述。

第11章

1. 請見Tellis and Golder（2002）。

附錄 A

1. 關 於 創 造 性 破 壞 的 討 論，參 見 Joseph A. Schumpeter（1934, 1975）。

2. *New York Times*（1906）。

3. *Literary Digest*（1899）。

4. Bruce McCalley（2002）。

5. William J. Abernathy and Kenneth Wayne（1974）。

6. Antique Automobile Club of America（2002）。

7. Alfred P. Sloan（1965）: 150。

8. Mariana Mazzucato and Willi Semmler（1998）。

9. Lawrence J. White（1971）。

10. *Economist*（1981）

11. Sanghoon Ahn（2002）。

12. Walter Adams and James W. Brock（2001）, Table 5.1, Figure 5-1: 116-117。

13. National Automobile Dealers Association data（2014年6月19日取得）。

14. Andrew Hargadon（2003）: 43。

15. International Business Machines（2002）。

16. Regis McKenna（1989）: 24。

17. *A+ Magazine*（1987）: 48-49；Fortune（1982）。

18. Otto Friedrich（1983）。

19. 同上。

20. IBM電腦售價是2565美元，比售價1200美元的蘋果電腦稍貴一點，可是IBM電腦包括顯示器，蘋果卻不附顯示器。

21. History of Computing Project（accessed 28 June 2002）。

22. *Financial Times*（1999）。

23. Hoovers Online（accessed 14 March 2003）。

24. Digital History（2004）。

25. Screen Source（2002）。

26. 有趣的是，1924年的一份調查，詢問電影院顧客，電影院的哪一點對他們最有吸引力，結果28%提到音樂，19%提到工作人員彬彬有禮，19%喜愛電影院的舒適裝潢，15%認為電影院有吸引力。只有10%的人提到電影本身（R. Koszarski, 1990）。1922年接受意見調查的電影院老闆，也有24%表示，電影劇情好壞與票房成敗毫無關係，真正重要的是其他的周邊配套（資料來源同前）。

事實上，當時的電影院廣告，對音樂的著墨往往不及對電影本身的介紹。1926年，電影音響科技問世，電影院現場音樂演奏（樂隊、管絃樂團和有關費用）的分量，比重也大為減少。提供典雅裝潢、華麗環境，以及代客泊車等額外服務的皇宮電影院，正好填補這段轉變期間的需求，十多年間盛極一時。直到二次大戰後，美國人開始大批遷往郊區小鎮定居，才逐漸走下坡。

27. Screen Source（2002）。

附錄B

1. 產業組織經濟學的結構主義學派，起源於班恩（Joe S. Bain）的「結構—行為—表現」模式。Bain利用跨產業的實證架構，專門探討結構對表現的衝擊。請參看 Bain（1956, 1959）。

2. 謝瑞爾（F.M. Scherer）根據班恩的研究，把「行為」當成中介變數，舖陳「結構」與「表現」的因果關係。參看 Scherer（1970）。

3. 同前。

4. Joseph A. Schumptere（1975）。

5. 同前。

6. 更多關於成長理論與內生成長的討論，請參看 Paul Romer（1990, 1994），G.M. Grossman and E. Helpman（1995）。

7. 關於競爭策略的詳細討論，請參看Michael E. Porter（1980, 1985, 1996）。

8. Kim and Mauborgne（1997a, 1999a, 1999b）。

9. Joseph Schumpeter（1934），Andrew Hargadon（2003）。

10. 更完整的相關討論，請見第11章的第十個紅海陷阱。

11. 雖說這兩個概念完全不同，但執行方式卻可相互補。舉例來說，當重建藍海策略中的一個問題被重新定義，那其他解決方式，如創新問題解決理論（俄國人縮寫為TRIZ）就可被用在藉由思索各種可能資源的重組，找出該問題創新的解決辦法。TRIZ是由G. Altshuller以及他在蘇維埃聯邦的前同事開發的。在超過三百萬個模式中，TRIZ將那些可找出創新解決辦法的模式都加以編號。

附錄 C

1. 更多關於價值創新的市場活力討論，請見 Kim and Mauborgne（1995）。

2. 關於報酬遞增潛質的討論，參看 Paul Romer（1986），以及 W.B. Arthur（1996）。

參考書目

A+ Magazine. 1987. "Back In Time." February, 48-49.

Abernathy, William J., and Kenneth Wayne. 1974. "Limits to the Learning Curve." *Harvard Business Review* 52, 109-120.

Adams, Walter, and James W. Brock. 2001. *The Structure of American Industry.* 10th edition. Princeton, NJ: Prentice Hall.

Ahn, Sanghoon. 2002. "Competition, Innovation, and Productivity Growth: A Review of Theory and Evidence." OECD Working Paper 20.

Air Force Association. 2013. *"F-35 Program Update."* Air and Space Technology Exposition. Washington, DC. September 17. http://www.af.mil/Portals/1/documents/af%20events/AFALtGenBogdan.pdf. Accessed January 20, 2014.

Altshuller, Genrich. 1999. The Innovation Algorithm: TRIZ, systematic innovation, and technical creativity. Worcester, MA: Technical Innovation Center.

Andrews, Kenneth R. 1971. *The Concept of Corporate Strategy.* Homewood, IL: Irwin.

Ansoff, H. Igor. 1965. *Corporate Strategy: An Analytic Approach to Business Policy for Growth and Expansion.* New York: McGraw Hill.

Antique Automobile Club of America. 2002. *Automotive History—A Chronological History.* <http://www.aaca.org/history>. Accessed 18 June 2002.

Arrow, Kenneth J. 1962. "Economic Welfare and the Allocation of Resources for Inventions," *in The Rate and Direction of Inventive Activity,* edited by R. R. Nelson. Princeton, NJ: Princeton University Press, 609-

626.

Arthur, W. B. 1996. "Increasing Returns and the New World of Business." *Harvard Business Review* 74, July-August, 100-109.

Auerbach, Paul. 1988. *Competition: The Economics of Industrial Change.* Cambridge: Basil Blackwell.

Baddely, A. D. 1990. *Human Memory: Theory and Practice.* Needham Heights, MA: Allyn & Bacon.

Bain, Joe S. 1956. *Barriers to New Competition: Their Character and Consequencesin Manufacturing Industries.* Cambridge, MA: Harvard University Press.

Bain, Joe S., ed. 1959. Industrial Organization. New York: Wiley.

Baird, Inga S., and Howard Thomas. 1990. "What Is Risk Anyway? Using and Measuring Risk in Strategic Management," *in Risk, Strategy, and Management,* edited by Richard A. Bettis and Howard Thomas. Greenwich, CT: JAI Press Inc.

Balmer, J. 2001. "The New Jet Set." *Barron's* 19, November.

藍海策略 | 增訂版

Bettis, Richard A., and Howard Thomas, eds. 1990. *Risk, Strategy, and Management.* Greenwich, CT: JAI Press Inc.

Birkler, J., et al. 2001. "Assessing Competitive Strategies for the Joint Strike Fighter: Opportunities and Options." Santa Monica, CA: Rand Corporation.

Blau, P. M. 1964. *Exchange and Power in Social Life.* New York: Wiley.（《社會生活中的交換與權力》，孫非等譯）

Borzak, L., ed. 1981. *Field Study: A Source Book for Experiential Learning.* Beverly Hills, CA: Sage Publications.

Breen, Bill. 2002. "High Stakes, Big Bets." *Fast Company,* April.

Chandler, Alfred. 1962. *Strategy and Structure: Chapters in the History of the Industrial Enterprise.* Cambridge, MA: The MIT Press.

Christensen, Clayton M. 1997. *The Innovator's Dilemma: When New Technologies Caused Great Firms to Fail.* Boston: Harvard Business School Press.（《創新的兩

難》，吳凱琳譯）

Collins, Jim, and Jerry Porras. 1994. *Built to Last.* New York: Harper Business.（《基業長青》，劉真如譯）

Ciralsky, Adam. 2013. "Will It Fly?" *Vanity Fair,* September 16.

Committee on Defense Manufacturing in 2010 and Beyond. 1996. *Defense Manufacturing in 2010 and Beyond.* Washington, DC: National Academy Press.

Copernicus and Market Facts. 2001. *The Commoditization of Brands and Its Implications for Marketers.* Auburndale, MA: Copernicus Marketing Consulting.

D'Aveni, Richard A., and Robert Gunther. 1995. *Hypercompetitive Rivalries: Competing in Highly Dynamic Environments.* New York: Free Press.

Day, George S., and David J. Reibstein, with Robert Gunther, eds. 1997. *Wharton on Dynamic Competitive Strategy.* New York: John Wiley.

Department of Defense Press Conference. 1993. "DOD Bottom Up Review." *Reuter's Transcript Report,* 1 September.

Digital History 2004. *Chronology of Film History.* <http://www.digitalhistory. uh.edu/historyonline/film_chron. cfm>. Accessed 4 February 2004.

Drucker, Peter F. 1985. *Innovation and Entrepreneurship: Practice and Principles.* London: William Heinemann. (《創新與創業精神》，蕭富峰、李田樹譯）

—— 1992. *Managing for the Future:* The 1990s and Beyond. New York: Dutton.（《杜拉克談未來管理》，王嘉源、王柏鴻、羅耀宗譯）

Economist. 2000. "Apocalypse Now." 13 January.

—— 1981. "Detroit Moves the Metal." 15 August.

—— 2001. "A New Orbit." 12 July.

Fallows, James. 2002. "Uncle Sam Buys an Airplane." Atlantic Monthly, June.

Federation of Atomic Scientists. 2001. "F-35 Joint Strike Fighter." <http://www.fas.org/man/dod-101/sys/ac/f-35. htm>. Accessed 21 October 2002.

Financial Times. 1999. "Compaq Stays Top of Server Table." 3 February.

Ford Motor Company. 1924. Factory *Facts from Ford.*

Detroit.

Fortune. 1982. "Fortune Double 500." June.

—— 2005. "The Secrets of Samsung's Success." September 5.

Foster, Richard, and Sarah Kaplan. 2001. *Creative Destruction.* New York: Doubleday.（《創造性破壞》，唐錦超譯）

Freedman, David H. 2002. "Inside the Joint Strike Fighter. *Business 2.0,* February.

Friedrich Otto. 1983. "1982 Person of the Year: The Personal Computer." *Time.* <http://www.time.com/time/poy2000/archive/1982.html>. Accessed 30 June 2002.

Gasiorek-Nelson, Sylvia. 2003. "Acquisition and Logistics Excellence." *Program Manager,* May.

Gladwell, Malcom. 2000. *The Tipping Point: How Little Things Can Make a Big Difference.* New York: Little Brown & Company.（《引爆趨勢》，齊思賢譯）

Grodzins, Morton. 1957. "Metropolitan Segregation." *Scientific American* 197, October.

Grossman, G. M., and E. Helpman. 1995. *Innovation and*

Growth. Cambridge, MA: The MIT Press.

Hamel, Gary, and C. K. Prahalad. 1994. *Competing for the Future.* Boston: Harvard Business School Press. (《競爭大未來》,顧淑馨譯)

Hamel, Gary. 1998. "Opinion: Strategy Innovation and the Quest for Value." *MIT Sloan Management Review* 39, no. 2, 8.

—— 2000 *Leading the Revolution.* Boston: Harvard Business School Press. (《啟動革命》,李田樹、李芳齡譯,天下文化出版)

Hankyung Business. 2011. "Value Innovation and Goal-Oriented Management Made Samsung TV the Global No. 1." December 21.

Hargadon, Andrew. 2003. *How Breakthroughs Happen.* Boston: Harvard Business School Press.

Herbst Kris. 2002. "Enabling the Poor to Build Housing: Cemex Combines Profit and Social Development." *Changemakers Journal,* September/October.

Herzberg, F. 1966. *Work and the Nature of Man.* Cleveland, OH: World Publishing.

Hill, Charles W. L. 1988. "Differentiation versus Low Cost or Differentiation and Low Cost." *Academy of Management Review* 13, July, 401-412.

Hindle T 1994. *Field Guide to Strategy.* Boston: The Economist Books.

History of Computing Project. "Univac." <http://www.thocp.net/hardware/univac.htm>. Accessed 28 June 2002.

Hofer, Charles W, and Dan Schendel. 1978. *Strategy Formulation: Analytical Concepts.* St. Paul, MN: West Publishing. *Hoovers Online,* <http://www.hoovers.com/>. Accessed 14 March 2003.

International Business Machines. 2002. *IBM Highlights: 1885-196.* <http://www-1.ibm.com/ibm/history/documents/pdf/1885-1969.pdf>. Accessed 23 May 2002.

Interbrand. *Best Global Brands 2013.* http://www.interbrand.com/Libraries/Branding_Studies/Best_Global_Brands_2013.sflb.ashx. Accessed July 1, 2014.

Kanter, Rosabeth Moss. 1983. *The Change Masters:*

Innovation for Productivity in the American Corporation. New York: Simon & Schuster.

Katz, D. 1964. "The Motivational Basis of Organizational Behavior." *Behavioral Science* 9, 131-146.

Katz, Michael, and Carl Shapiro. 1994. "Systems Competition and Network Effects." *Journal of Economic Perspectives* 8, no. 2, 93-115.

Kim, W. Chan, and Renee Mauborgne. 1993. "Procedural Justice, Attitudes and Subsidiary Top Management Compliance with Multinational's Corporate Strategic Decisions." *The Academy of Management Journal* 36, no. 3, 502-526.

—— 1995. "A Procedural Justice Model of Strategic Decision Making: Strategy Content Implications in the Multinational." *Organization Science* 6, February, 44–61.

—— 1996. "Procedural Justice and Manager's In-role and Extra-role Behavior." *Management Science* 42, April, 499-515.

—— 1997a. "Value Innovation: The Strategic Logic of

High Growth." *Harvard Business Review* 75, January-
February, 102-112.

—— 1997b. "On the Inside Track." *Financial Times*, 7
April.

—— 1997c. "When 'Competitive Advantage' Is Neither."
Wall Street Journal, 21 April.

—— 1997d. "Fair Process: Managing in the Knowledge
Economy" *Harvard Business Review* 75, July-August.

—— 1998a. "Procedural Justice, Strategic Decision
Making, and the Knowledge Economy." *Strategic
Management Journal*, 323–338.

—— 1998b. "Building Trust." *Financial Times*, January 9.

—— 1998c. "Value Knowledge or Pay the Price." *Wall
Street Journal Europe*, January 29.

—— 1998d. "A Corporate Future Built With New Blocks."
New York Times, March 29.

—— 1999a. "Creating New Market Space." *Harvard
Business Review* 77, January-February, 83-93.

—— 1999b. "Strategy, Value Innovation, and the
Knowledge Economy." *Sloan Management Review* 40,

no. 3, Spring.

—— 1999c. "The Bright Idea that Conquered America." *Financial Times,* May 6.

—— 2000. "Knowing a Winning Business Idea When You See One." *Harvard Business Review* 78, September-October, 129-141.

—— 2002. "Charting Your Company's Future." *Harvard Business Review* 80, June, 76-85.

—— 2003. "Tipping Point Leadership." *Harvard Business Review* 81, April, 60-69.

—— 2004. "Blue Ocean Strategy." *Harvard Business Review* 82, October,75–84.

—— 2005. "Blue Ocean Strategy: From Theory to Practice." *California Management Review* 47, March, 105–121.

—— 2009. "How Strategy Shapes Structure." *Harvard Business Review* 87, September, 72–80.

Kolb, D. A. 1983. *Experiential Learning: Experience as the Source of Learning and Development.* New York: Prentice Hall Press.

Korea Economic Daily. 2004. 20, 22, 27 April; 4, 6 May.

Koszarski, R. 1990. *An Evening's Entertainment: The Age of the Silent Feature Picture,* 1915-1928. New York: Scribner and Sons.

Kuhn, Thomas S. 1996. *The Structure of Scientific Revolutions.* Chicago: Uni versity of Chicago Press.

Larkin, J., and H. Simon. 1987. "Why a Diagram Is (Sometimes) Worth 10,000 Words." Cognitive Science 4, 317-345.

Ledoux, Joseph. 1998. *The Emotional Brain: The Mysterious Underpinnings of Emotional Life.* New York: Simon & Schuster.（《腦中有情：奧妙的理性與感性》，洪蘭譯）

Lester, P. 2000. *Visual Communication Images with Messages.* Second edition. Belmont, CA: Wadsworth Publishing Company.

Lind, E. A., and T. R. Tyier. 1988. *The Social Psychology of Procedural Justice.* New York: Plenum Press.

Literary Digest. 1899. 14 October.

Markides, Constantinos C. 1997. "Strategic Innovation."

Sloan Management Review, Spring.

Mazzucato, Mariana, and Willi Semmler. 1998. "Market Share Instability and Stock Price Volatility during the Industry Life-cycle: US Automobile Industry." *Journal of Evolutionary Economics* 8, no. 4, 10.

McCalley, Bruce. 2002. *Model T Ford Encyclopedia, Model T Ford Club of America, May.* <http://www. mtfca.com/encyclo/ index.htm>. Accessed 18 May 2002.

McKenna, Regis. 1989. *Who's Afraid of Big Blue* New York: Addison-Wesley.（《挑戰IBM》，李田樹譯）

Miller, Jerry. 2003. "JSF Sets the Standard for Aircraft Acquisition." *Proceedings Magazine,* June.

Mintzberg, H. 1994. The Rise and Fall of Strategic Planning: Reconceiving Roles for Planning, Plans, and Planners. New York: Free Press.

Mintzberg, H., B. Ahlstrand, and J. Lampel. 1998. *Strategy Safari: A Guided Tour through the Wilds of Strategic Management.* New York: Prentice Hall.（《策略巡禮：管理大師明茲柏格的策略管理全書》，林金榜譯）

Moore, James F. 1996. *The Death of Competition: Leadership and Strategy in the Age of Business Ecosystems.* New York: Harper Business. (《競爭加倍速：創新致勝》，蘇怡仲譯）

Morris, J. S., et al. 1998. "Conscious and Unconscious Emotional Learning in the Human Amygdala." *Nature* 393, 467-470.

National Automobile Dealers Association. "State-of- the- Industry Report 2012." http://www.nada.org/NR/rdonlyres/C1C58F5A-BE0E-4E1A-9B56-1C3025B5B452/0/NADADATA2012Final.pdf. Accessed June 19, 2014.

NetJets. 2004. "The Buyers Guide to Fractional Aircraft Ownership." <http://www.netjets.com>. Accessed 8 May 2004.

New York Post. 1990. "Dave Do Something." 7 September.

New York Times. 1906. "'Motorists Don't Make Socialists,' They Say." 4 March, 12.

Norretranders, T. 1998. *The User Illusion: Cutting Consciousness Down to Size.* New York: Penguin Press

Science.

North American Industry Classification System: United States 1997. 1998. Lanham, VA: Bernan Press.

Nova. 2003. "Battle of the X-Planes." PBS. 4 February.

Ohmae, Kenichi. 1982. *The Mind of the Strategist: The Art of Japanese Business*. New York: McGraw-Hill.（《公司經營策略的奧秘》，行政院經建會出版）

—— 1990. *The Borderless World: Power and Strategy in the Interlinked Economy*. New York: Harper Business.（《無國界的世界》，黃柏祺譯）

—— 1995a. *End of the Nation State: The Rise of Regional Economies*. New York: Harper Collins.（《民族國家的終結：區域經濟的興起》，李宛蓉譯）

Ohmae, Kenichi, ed. 1995b. *The Evolving Global Economy: Making Sense of the New World Order*. Boston: Harvard Business School Press.

O'Reilly, C., and J. Chatman. 1986. "Organization Commitment and Psychological Attachment: The Effects of Compliance Identification, and Internationalization on Prosocial Behavior." *Journal of*

Applied Psychology 71, 492-499.

Pascale, Richard T. 1990. *Managing on the Edge.* New York: Simon & Schuster.

Peters, Thomas J., and Robert H. Waterman Jr. 1982. *In Search of Excellence: Lessons from America's Best-Run Companies.* New York: Warner Books.（《追求卓越：美國傑出企業成功的祕訣》，天下文化出版）

Phelps, Elizabeth A., et al. 2001. "Activation of the Left Amygdala to a Cognitive Representation of Fear." *Nature Neuroscience* 4, April, 437-441.

Porac, Joseph, and Jose Antonio Rosa. 1996. "Rivalry, Industry Models, and the Cognitive Embeddedness of the Comparable Firm." *Advances in Strategic Management* 13, 363-388.

Porter, Michael. E. 1980. *Competitive Strategy.* New York: Free Press.（《競爭策略》，周旭華譯，天下文化出版）

—— 1985. *Competitive Advantage.* New York: Free Press.（《競爭優勢》，李明軒、邱如美譯，天下文化出版）

—— 1996. "What Is Strategy?" *Harvard Business Review*

74, November-December.

Prahalad, C. K., and Gary Hamel. 1990. "The Core Competence of the Corporation." *Harvard Business Review* 68, no. 3, 79-91.

Rohlfs, Jeffrey. 1974. "A Theory of Interdependent Demand for a Communications Service." *Bell Journal of Economics* 5, no. 1, 16-37.

Romer, Paul M. 1986. "Increasing Returns and Long-Run Growth." *Journal of Political Economy* 94, October, 1002-1037.

—— 1990. "Endogenous Technological Change." *Journal of Political Economy* 98, October, S71-5102.

—— 1994. "The Origins of Endogenous Growth." *Journal of Economic Perspectives* 8, Winter, 3-22.

Schelling, Thomas C. 1978. *Micromotives and Macrobehavior.* New York: W. W. Norton and Co.

Scherer, F. M. 1970. *Industrial Market Structure and Economic Performance.* Chicago: Rand McNally. (《產業市場結構與經濟績效》，蕭峰雄譯)

—— 1984. *Innovation and Growth: Schumpeterian*

Perspectives Cambridge, MA: The MIT Press.

Schnaars, Steven P 1994. *Managing Imitation Strategies: How Later Entrants Seize Markets from Pioneers.* New York: Free Press.

Schumpeter, Joseph A. 1934. *The Theory of Economic Development.* Cambridge, MA: Harvard University Press.（《經濟發展理論：對於利潤、資本、信用、利息和景氣循環的考察》，何畏、易家詳等譯）

—— 1975 (originally published 1942). *Capitalism, Socialism and Democracy.* New York: Harper.（《資本主義、社會主義與民主》，吳良健譯）

Screen Source. 2002. "US Movie Theater Facts." <http://www.amug.org/scrnsrc/theater_facts.html>. Accessed 20 August 2002.

Sloan, Alfred. 1965. *My Years with General Motors.* London: Sidgwick & Jackson.（《我與通用汽車公司》，蔡進松譯）

Standard Industrial Classification Manual. 1987. Paramus, NJ: Prentice Hall Information Services.

Tellis, G., and P. Golder. 2002. *Will and Vision.* New York:

McGraw Hill（《野心與願景：遲來的競爭者，為何
能主宰市場？》，蔡文英譯）

Thibault, J., and L. Walker. 1975. *Procedural Justice: A
Psychological Analysis.* Hillsdale, NJ: Eribaum.

Tufte, E. R. 1982. *The Visual Display of Quantitative
Information.* Cheshire, CT: Graphics Press.

United Nations Statistics Division. 2002. *The Population
and Vital Statistics Report.*

United States Air Force. 2002. "JSF Program Whitepaper."
<http://www. jast.mil.> Accessed 21 November 2003.

von Clausewitz, Carl. 1993. *On War.* Edited and translated
by Michael Howard and Peter Paret. New York: Knopf.
（《克勞塞維茨戰爭論》，紐先鍾譯）

von Hippel, Eric. 1988. *The Sources of Innovation.* New
York: Oxford University Press.

White, Harrison C. 1981. "Where Do Markets Come
From?" *American Journal of Sociology* 87, 517-547.

White, Lawrence J. 1971. *The Automotive Industry after
1945.* Cambridge, MA: Harvard University Press.

White, R. E. 1986. "Generic Business Strategies,

Organizational Context and Performance: An Empirical Investigation." *Strategic Management Journal* 7, 217-231.

Wilson, James Q., and George L. Kelling. 1982. "Broken Windows." *Atlantic Monthly,* March, vol. 249, no. 3, 29.

Zook, Chris. 2004. *Beyond the Core: Expand Your Market Without Abandoning Your Roots.* Boston: Harvard Business School Press. (《跨越擴張風險》,曾淯菁譯)

關於作者

金偉燦（W. Chan Kim）

　　歐洲工商管理學院（INSEAD）藍海策略中心
共同主持人，波士頓顧問集團韓德森公司（Bruce
D. Henderson）策略與國際管理學講座教授。在加入
INSEAD之前，他任教於密西根大學商學院，也曾擔
任歐美和亞太地區一些多國企業的董事與顧問。他生
於韓國。

　　金教授是世界經濟論壇的成員。他曾發表許多
有關商業策略和管理多國企業的文章，散見於《管

理學院期刊》（*Academy of Management Journal*）、
《管理科學》（*Management Science*）、《組織科學》（*Organization Science*）、《策略管理期刊》（*Strategic Management Journal*）、《行政管理學季刊》（*Administrative Science Quarterly*）、《國際商業研究期刊》（*Journal of International Business Studies*）、《哈佛商業評論》（*Harvard Business Review*）、《史隆管理評論》（*MIT Sloan Management Review*）與其他刊物。他是全球策略領域中，最具影響力的學術期刊作者之一。他也為《華爾街日報》、《歐洲華爾街日報》、《亞洲華爾街日報》、《紐約時報》（*New York Times*）、《金融時報》（*Financial Times*）與其他報刊撰寫過不可勝數的文章。

金教授是《藍海策略：開創無人競爭的全新市場》（*Blue Ocean Strategy: How to Create Uncontested Market Space and Make the Competition Irrelevant*, Harvard Business School Press）共同作者之一。《藍海策略》全球銷量超過三百五十萬冊，並且破紀錄翻譯成四十三種語言，是橫跨五大洲的經典暢銷書籍。《藍海策略》已經贏得許多獎項，包括法蘭克福書展「2005年

最佳商業書籍」、Amazon.com「2005年十大最佳商業書籍」，並獲《中華人民共和國的歷史》（*History of the People's Republic of China*, 1949-2009）一書選為四十本最具影響力的書籍，與亞當斯密的《國富論》（*The Wealth of Nations*）及米爾頓‧傅利曼（Milton Friedman）的《選擇的自由》（*Free to Choose*）並列。

金教授在全球管理大師前五十名思想家（The Thinkers 50 listing of the World's Top Management Gurus）中排名第二。2014年，他與芮妮‧莫伯尼（Renée Mauborgne）獲管理顧問公司協會（Association of Management Consulting Firms）頒發卡爾史隆卓越獎項（Carl S. Sloan Award for Excellence），理由是他們的管理研究成果對全球顧問業的影響力。他也贏得2011年管理大師前五十名思想家的策略獎項（The 2011 Thinkers 50 Strategy Award）。他被Fast Company雜誌選為2011年領導名人堂（2011 Leadership Hall of Fame），並被MBA Ranking提名為2013年全球五大最佳商學院教授。

金教授於2008年以企業與經濟思想領導力（Leadership on Business and Economic Thinking）　獲

頒義大利Nobels Colloquia獎項，也獲得國際商學院（Academy of International Business）與艾德瑞吉·海恩斯國際商業紀念信託組織（Eldridge Haynes Memorial Trust of Business International）頒予艾德瑞吉·海恩斯獎（Eldridge Haynes Award），理由是寫出國際企業領域的最佳原創論文。他也是2009年法國企業領導獎（Prix des Dirigeants Commerciaux de France）企業策略領域的得主。L'Expansion期刊也提名他與莫伯尼為「未來首屈一指的大師」。倫敦《星期日泰晤士報》（Sunday Times）稱呼他們兩位是「歐洲最明亮的企業思想家」，並指出「金偉燦與莫伯尼對經理人的思想方式與策略實務提出大規模的挑戰」。《觀察家》（Observer）稱他與莫伯尼為「影響企業世界的未來大師」。他也獲頒幾項案例中心（Case Centre）獎項，包括2014年史上最暢銷40大案例（All-time Top 40 Best-selling Cases）、2009年最佳整體案例（Best Overall Case）、2008年最佳策略案例（Best Case in Strategy）等。

金教授與莫伯尼共同創立藍海策略網路（Blue Ocean Strategy Network, BOSN），這是藍海策略家族

的全球實務平台，BOSN對學術界、顧問公司、企業主管與政府官員提供各項服務。

芮妮・莫伯尼（Renée Mauborgne）

歐洲工商管理學院特聘研究員與管理學教授、藍海策略中心共同主持人。她生於美國。她是歐巴馬總統傳統黑人大學（Historically black colleges and universities）顧問委員會的成員，也是世界經濟論壇的成員。

莫伯尼曾對商業策略和管理多國企業發表過許多文章，散見於《管理學院期刊》、《管理科學》、《組織科學》、《策略管理期刊》、《行政管理學季刊》、《國際商業研究期刊》、《哈佛商業評論》、《史隆管理評論》與其他刊物。她也供稿給《華爾街日報》、《歐洲華爾街日報》、《紐約時報》、《金融時報》與其他報刊。

莫伯尼是《藍海策略：開創無人競爭的全新市場》共同作者之一。《藍海策略》全球銷量超過三百五十

萬冊，並且破紀錄翻譯成四十三種語言，是橫跨五大洲的經典暢銷書籍。《藍海策略》已經贏得許多獎項，包括法蘭克福書展「2005年最佳商業書籍」、Amazon.com「2005年十大最佳商業書籍」，並獲《中華人民共和國的歷史》一書選為四十本最具影響力的書籍，與亞當斯密的《國富論》及米爾頓·傅利曼的《選擇的自由》並列。

莫伯尼在全球管理大師前五十名思想家中排名第二，是有史以來排名最高的女性。她與金偉燦獲管理顧問公司協會頒發卡爾史隆卓越獎項，理由是他們的管理研究成果對全球顧問業的影響力。她也贏得2011年管理大師前五十名思想家的策略獎項。她被Fast Company雜誌選為2011年領導名人堂，被Fortune.com選為2012年全球五十位最佳商學院教授，並被MBA Ranking提名為2013年全球五大最佳商學院教授。

莫伯尼於2008年以企業與經濟思想領導力獲頒義大利Nobels Colloquia獎項，也獲得國際商學院與艾德瑞吉·海恩斯國際商業紀念信託組織頒予艾德瑞吉·海恩斯獎，理由是寫出國際企業領域的最佳原創論文。她也是2009年法國企業領導獎企業策略領域的

得主。L'Expansion期刊也提名她與金偉燦為「未來首屈一指的大師」。倫敦《星期日泰晤士報》稱呼他們兩位是「歐洲最明亮的企業思想家」，並指出「金偉燦與莫伯尼與對經理人的思想方式與策略實務提出大規模的挑戰」。《觀察家》稱她與金偉燦為「影響企業世界的未來大師」。她贏得2007亞洲品牌領導力獎項（Asia Brand Leadership Award），也獲頒幾項案例中心獎項，包括2014年史上最暢銷40大案例、2009年最佳整體案例、2008年最佳策略案例等。

莫伯尼與金偉燦共同創立藍海策略網路（BOSN），這是藍海策略家族的全球實務平台，BOSN對學術界、顧問公司、企業主管與政府官員提供各項服務。

財經企管 BCB551A

藍海策略 增訂版
再創無人競爭的全新市場

Blue Ocean Strategy, Expanded Edition:
How to Create Uncontested Market Space
and Make the Competition Irrelevant

作者 —— 金偉燦（W. Chan Kim）
　　　　莫伯尼（Renée Mauborgne）
譯者 —— 黃秀媛、周曉琪

出版事業部副社長／總編輯 —— 許耀雲
副總編輯／財經館總監 —— 王謅茹
責任編輯 —— 楊逸竹
封面設計 —— 黃淑雅

出版者 —— 遠見天下文化出版股份有限公司
創辦人 —— 高希均、王力行
遠見・天下文化・事業群 董事長 —— 高希均
事業群發行人／CEO —— 王力行
出版事業部副社長／總經理 —— 林天來
版權部協理 —— 張紫蘭
法律顧問 —— 理律法律事務所陳長文律師
著作權顧問 —— 魏啟翔律師
社址 —— 臺北市 104 松江路 93 巷 1 號 2 樓
讀者服務專線 ——（02）2662-0012
傳真 ——（02）2662-0007；2662-0009
電子信箱 —— cwpc@cwgv.com.tw
直接郵撥帳號 —— 1326703-6 號　遠見天下文化出版股份有限公司

電腦排版／製版廠 —— 立全電腦印前排版有限公司
印刷廠 —— 祥峰印刷事業有限公司
裝訂廠 —— 精益裝訂股份有限公司
登記證 —— 局版台業字第 2517 號
總經銷 —— 大和書報圖書股份有限公司｜電話 ——（02）8990-2588
出版日期 —— 2015 年 6 月 30 日第一版
　　　　　　2015 年 11 月 16 日第二版第一次印行

國家圖書館出版品預行編目(CIP)資料

藍海策略增訂版：再創無人競爭的全新市場 / 金
偉燦(W. Chan Kim), 莫伯尼(Renée Mauborgne)合
著；黃秀媛, 周曉琪合譯. -- 第二版. -- 臺北市：遠見
天下文化, 2015.11
　　面；　公分. -- (財經企管；BCB551A)
譯自：Blue ocean strategy : how to create
uncontested market space and make the
competition irrelevant, expanded ed.
ISBN 978-986-320-755-9(精裝)

1.商品學 2.策略管理

496.1　　　　　　　　　　　　104010031

定價 —— 500 元
ISBN —— 978-986-320-755-9（精裝）
書號 —— BCB551A
天下文化書坊 —— www.bookzone.com.tw
本書如有缺頁、破損、裝訂錯誤，請寄回本公司調換。
本書僅代表作者言論，不代表本社立場。

Believing in Reading

相 信 閱 讀